粮油产业精品教材

粮油作物绿色高产栽培与病虫害防控

董建国　王玉华　王目珍　王建斌　吴汉花　赵淑宏　主编

中国农业科学技术出版社

图书在版编目（CIP）数据

粮油作物绿色高产栽培与病虫害防控／董建国等主编. --北京：中国农业科学技术出版社，2024. 3
　　ISBN 978-7-5116-6738-0

Ⅰ.①粮…　Ⅱ.①董…　Ⅲ.①粮食作物-栽培技术②油料作物-栽培技术③粮食作物-病虫害防治④油料作物-病虫害防治　Ⅳ.①S51②S565③S435

中国国家版本馆 CIP 数据核字（2024）第 054996 号

责任编辑　白姗姗
责任校对　李向荣
责任印制　姜义伟　王思文

出 版 者　中国农业科学技术出版社
　　　　　　北京市中关村南大街 12 号　　邮编：100081
电　　话　（010）82106638（编辑室）　（010）82106624（发行部）
　　　　　　（010）82109709（读者服务部）
网　　址　https://castp.caas.cn
经 销 者　各地新华书店
印 刷 者　北京富泰印刷有限责任公司
开　　本　140 mm×203 mm　1/32
印　　张　5
字　　数　130 千字
版　　次　2024 年 3 月第 1 版　2024 年 3 月第 1 次印刷
定　　价　39.80 元

《粮油作物绿色高产栽培与病虫害防控》
编　委　会

前　言

　　粮食和油料是人类生存和发展的重要物质基础，随着人口增长和消费升级，粮油产品需求也在不断增加，而绿色、高产、高效的生产方式不仅有利于保护环境和人类健康，还能够提高农产品的市场竞争力和降低生产成本，促进农业的可持续发展。如何在保障粮油供应的同时，实现绿色高产，已经成为当前粮油生产中急需解决的问题。

　　本书共九章，包括玉米、小麦、水稻、油菜、花生、甘薯、马铃薯、大豆、小杂粮等内容。本书内容丰富，针对性、实用性、操作性强，可供广大基层一线的技术人员在粮油作物技术推广工作中参考。

　　由于时间紧迫，在本书的编辑过程中难免有疏漏之处，敬请大家批评指正。

编　者

2023 年 12 月

前 言

目　　录

第一章 玉 米

第一节 播前准备

一、土壤要求

玉米种植对土壤条件的要求不是很高，但是土壤结构必须合理，土层适度、肥力很高、透气性好和酸碱平衡。种植者可以根据自身条件进行深耕，保持土壤松软，并且避免出现大块结块土块。虽然种植者在肥水贫瘠的土壤上施加氮肥，但是也很难实现玉米的丰产，所以种植者应该增加有机肥，科学、合理地增肥，保证玉米的丰产。

二、整地技术

包括秋季整地和春季整地。秋季整地，要求在前作收获后应立即灭茬，结合秋季耕地施入有机肥，耕地深度一般为 16～20 cm。早秋耕比晚秋耕增产，秋耕比春耕增产。春季整地，要求尽量减少耕作次数，来不及秋耕必须春耕的地块，应结合施基肥早春耕，并做到翻、耙、压等作业环节紧密结合。

第二节 播种技术

一、种子准备

选用优质杂交种。应选择适合本地条件的优良杂交种，因地制宜，搭配种植。将品种的优良特性与环境条件结合起来，发挥两者的优势。

精选种子。玉米单交种种子净度不低于 98.0%，发芽率不低于 85%，纯度 96.0% 以上。

种子处理。玉米种子应该光泽鲜艳、颗粒饱满、无虫蛀、无霉变和无破损，并且发芽率在 90%～100%。种植者对玉米种子连续晒 2～3 d，并对种子进行 24 h 的冷水浸泡（两开兑一凉的温水浸 6～8 h）。然而，在天气干热和肥水不足的情况下，种植者不能对玉米进行催芽。同时，玉米种植前可以进行拌种，用药剂将玉米牢牢包住，避免地下害虫和鸟类对玉米播种造成影响。

二、播种模式

（一）直播

玉米种植根据气候、土壤的不同而不同。直播作为玉米种植的主要技术之一，主要采取垄作、平作和分厢种等方式种植，并采用开沟条播和挖穴点播等播种方式。直播种植技术要求播种时，种子深浅一致，覆土均匀，以此保证玉米的播种质量。另外，玉米播种应该根据种子的大小和播种密度的不同而不同。开穴点播方式应该保证每穴 3～5 粒，每亩*用 1.5～2.5 kg 的种子；开沟条播每亩用 4～5 kg 的种子，而且播种均匀，播后覆土 3～4 cm。同时，玉米开沟条播要求播种均匀，并采用土杂肥盖种，以此保证玉米出苗的整齐。

（二）育苗移栽

1. 育苗

玉米育苗时需要注意温度，当日平均气温在 6～7℃ 时就可以

---

* 1 亩 ≈ 667m²，1 hm² = 15 亩。

进行育苗，采用营养杯的育苗方式。将玉米种子放置于营养杯中间，每穴放置 1~2 粒，并用 2 cm 的细土覆盖。育苗时可以采用 6 cm×6 cm 的方格育床，并在交叉点处播种，覆盖 2~3 cm 的细土。育苗后立即覆盖地膜，并且加盖比较高的拱棚，避免地膜烫伤幼苗。

2. 移栽

玉米适合移栽的温度为 12℃，而移栽的苗龄应该在 3~4 叶 1 心，同时，玉米在起苗前一天进行移栽，并且尽量多带土，以此保护玉米苗的根系。在移栽时，可以在垄沟中施 5~10 kg 的尿素和 40 kg 的过磷酸钙，玉米苗在移栽后必须立即覆土封穴和浇水。

三、播种技术

1. 确定播期

玉米的播种时间非常重要，如果时间把握不准确，在后续栽培过程中很难挽回损失。当温差较高时对玉米生长十分有利，玉米的果实甜糯，在市场上更有竞争力，通常来说，玉米最佳的种植时间是每年 4 月，如果气候不发生太大变化，一般都在 4 月下旬种植。种植玉米，要选择晴好天气，同时在播种过程中要注意播种的密度，如果密度过高，不利于玉米生产，如果过于疏松，则会减少产量，一般以每公顷种植 4.5 万株玉米为宜。

2. 播种方法

主要有条播和点播两种。点播按计划行距、株距开穴，施肥、点种、覆土较费工，套种玉米多采用此法。条播用机械播种，工效较高，适用于大面积种植。夏直播玉米目前提倡"硬茬播种"技术。

3. 播种量

播种量因种子大小、发芽率高低、种植密度、播种方法和栽培目的而不同。凡是种子发芽率偏低和种植密度大时，播种量应适当增加，反之减少。一般条播用种量 45～60 kg/hm²，点播 38～54 kg/hm²。

4. 播种深度

一般情况下，播种深度以 3～5 cm 为宜，墒情差时，可适当增加播种深度。播种深浅要适宜，覆土厚度一致，以保证出苗时间集中、出苗整齐。

第三节　田间管理

一、苗期管理

（一）补苗

玉米在出苗后应必须进行查苗和补苗。补苗的方法有以下 3 种。

1. 补种

种植者将玉米种子放置到温水中浸泡 5～6 h，并取出装袋，置于温度适宜的地方用稻草覆盖。种植者每日早晚用温水对种子进行浇淋，直到玉米种子发芽后在缺苗处补水和补种。

2. 移苗

种植者选择晴天和阴天下午，将多苗点的壮苗移栽至缺苗处，并及时覆盖土壤。

3. 营养杯育苗移栽

种植者将土壤、30%～40% 的腐熟有机肥和适量的尿素混合，装入营养杯中，放置到田间进行浇淋，并与田中种子同时播种，加强田间管理，直到大田出苗后进行适当的补种。

（二）间苗、定苗

玉米幼苗为 3~4 片叶时，田间每穴定苗为 2 株。在玉米幼苗为 4~5 叶时，每穴定苗为 1 株。田间定苗应该本着除大、除小、留中间的原则，以此保证田间苗的整齐。

（三）施苗肥

玉米定苗后应该及时施肥，以此提高土壤基肥和质量差，而且种植者应该在 3 叶期进行追肥。施苗肥具体做法是每亩施基肥 1 500 kg（尿素 4~5 kg）、氯化钾 5~8kg。

（四）中耕松土

中耕松土的做法是在近苗处进行浅松土，距离苗株 4~5 cm 远，或者距离苗株 8~10 cm 处深松土。中耕要求保持土壤的平整、松碎和完整，并清除苗株附近的杂草。一旦种植者发现地下害虫，就要积极采取措施，如每亩用 80% 敌百虫 50 g 稀释后与 1 kg 花生饼粉进行混合，在傍晚时，撒在田间地头处，对地下害虫进行诱杀。

二、穗期管理

玉米从拔节到抽雄为穗期。春玉米一般历经 25~35 d，夏玉米 20~30 d。穗期茎叶旺盛生长，雄穗、雌穗先后开始分化，干物质积累进入直线增长期，需水、需肥量日渐增加。大喇叭口期，正值雄穗四分体期和雌穗小花分化期，是玉米的需水临界期，如外界条件适宜，水分和养分充足，就能增加有效果穗数，形成大穗，增加每穗粒数，为丰产打下基础。玉米穗期田间管理主攻目标是通过肥水措施等壮秆、促穗，使穗多、穗大。具体措施如下。

1. 追肥、灌水

一般进行两次追肥。第一次在拔节前后施入，称为攻秆肥。目的是保证玉米植株健壮生长，促进玉米雌、雄穗顺利分化。第二次在大喇叭口期追施，称为攻穗肥。攻穗肥对保证玉米增产极为重要，对决定果穗的多少和每穗粒数的作用很大。从拔节到抽穗，是玉米需水高峰期，如遇干旱，可结合追肥进行灌水。

2. 中耕培土

在拔节期施入攻秆肥后随即进行第一次中耕，兼有除草、覆盖化肥的作用。第二次中耕可于大喇叭口期追肥后进行，并培土。培土要求垄高 10~15 cm，宽 30~35 cm。有分蘖要及时去掉。

3. 病虫害防控

穗期的重点虫害是玉米螟和棉铃虫，应根据预测预报及时防治。

三、花粒期管理

从抽雄到成熟为花粒期。经历时间，春玉米一般 45~50 d，夏玉米 30~40 d。花粒期是开花、籽粒形成和增重的关键时期。花粒期的主攻目标是提高结实粒数和粒重，栽培中心环节是养根保叶，防止早衰，增加群体光合量，促进有机物质向籽粒运输。具体栽培措施如下。

1. 追攻粒肥

为保持叶片的功能始终旺盛，防止早衰，应及时补追氮素化肥，也可采用磷酸二氢钾或尿素进行叶面追肥，以维持和延长叶片的功能，使籽粒饱满。抽雄期至吐丝期追施氮肥，一般占总施肥量的 10%；叶面喷磷酸二氢钾 7.5 kg，兑水 1 500 kg，可喷 1 hm^2。

2. 浇灌浆水

玉米抽穗到乳熟期需水较多，此时灌水可以提高结实率，促进养分的运转，保证籽粒饱满，提高产量。

3. 隔行去雄

一株玉米的雄穗至少可满足 3~6 株玉米果穗花丝授粉的需要。可在玉米雄穗刚露出顶叶、尚未散粉之前，及时隔行去雄，减少养分消耗，植株相对变矮，田间通风透光条件得到改善，提高了光合生产率，因而籽粒饱满，产量提高。

四、玉米施肥技术

玉米施肥原则是：基肥为主，追肥为辅；有机肥为主，化肥为辅，有机与无机配合；氮、磷配合，增钾补微；基肥、种肥及追肥平衡配合施用。玉米的适宜施肥量根据目标产量所需要的氮、磷、钾肥数量及土壤供肥能力和肥料利用率计算。

1. 基肥

玉米基肥以有机肥为主，化肥为辅，氮、磷、钾配合施用。基肥的施用方法有撒施、条施和穴施，视基肥数量、质量不同而异。春玉米在秋、春耕时结合施用。夏玉米与小麦套种时对前茬作物增施有机肥料而利用其后效。基肥应重视磷、钾肥。同时随着玉米产量的提高和大量元素施用量的增加，土壤中微量元素含量日渐缺乏，因此应根据各种微量元素的土壤临界浓度值适当施用微肥。

2. 种肥

施用种肥可满足苗期对养分的需要，有壮苗作用。种肥采取条施或穴施，使其与种子隔离或与土壤混合，以防烧苗。如以氮、磷、钾化肥混合作种肥时，施肥数量要比单施酌减。

3. 追肥

追肥时期、次数和数量，要根据玉米需肥规律、地力基础、施肥数量、基肥和种肥施用情况以及生长状况决定。

苗肥：在春玉米区，气温低，雨水少，肥效慢，基肥、种肥施量少时应早施苗肥。夏玉米由于抢茬直播，一般不施基肥，种肥用量也不足，应早施苗肥。高产田苗肥氮素用量占总追肥量的30%，中产田追肥较多，苗肥占40%，低产田地力基础差，采用重追苗肥，约占60%。

穗肥：一般在大喇叭口期追施。研究证明，不管春玉米、夏玉米，还是肥地或薄地，适量追施穗肥，都能显著增产。高产田穗肥氮素用量占总追肥量的50%，中产田占60%，低产田占40%。

粒肥：玉米抽雄后追肥为粒肥。一般高产田粒肥占总追氮量的10%~20%。

开花期喷施磷酸二氢钾和微肥，均有促进籽粒灌浆、提早成熟和增产的作用。

五、玉米灌水技术

1. 底墒水

玉米播种前应灌好底墒水以利于出苗。春玉米冬灌或春灌900 m^3/hm^2，夏玉米播种前灌底墒水750 m^3/hm^2，如果为了抢种，可以浇蒙头水。

2. 大喇叭口期灌水

结合施肥进行灌溉，使0~80 cm的土壤保持在田间最大持水量的70%~80%。灌水后要进行培土。

3. 抽雄开花期灌水

使土壤水分保持在田间最大持水量的80%，有利于授粉，提高结实率，增强光合作用强度。开花期干旱不灌水会大幅减产。

4. 粒期灌水

进入秋季雨水如果偏少，应适时灌水，使土壤水分保持在田间持水量的70%~75%，可防止叶片早衰，延长功能期，提高光合强度。

拔节水主要作用在于改善孕穗期间的营养条件，有利于防止小花退化和提高结实率。灌浆水的作用主要是防止后期叶片早衰和提高叶片光合效率。在拔节期和灌浆期各灌一水增产作用最大。

第四节　病虫害防控

一、农业防治

1. 秸秆处理

由于亚洲玉米螟等钻蛀性害虫以老熟幼虫在玉米秸秆、穗轴等植株残体中越冬，因此，在玉米收获时进行秸秆粉碎还田，可以有效杀死这些害虫，减少越冬虫口密度。秸秆还田同时使带有大量病菌的植株叶片进入土壤并腐烂，破坏了病菌越冬的基础，减少了翌年叶斑病发生的初侵染源。在黄淮海夏玉米区，小麦收获后留在田间的麦秸和麦糠是二点委夜蛾的栖息和产卵场所，清除田间特别是播种行的麦秸和麦糠，或进行小麦灭茬处理，可以有效控制二点委夜蛾幼虫对玉米幼苗的为害。对玉米瘤黑粉病、丝黑穗病、茎腐病、褐斑病以及苗枯病等当年严重发病的地块，则不宜进行秸秆还田，以减少田间菌源数量，同时还可以考虑尽可能地将玉米与其他非禾本科作物轮作。

2. 翻耕土地

翻耕土地能够破坏土栖害虫和在土壤中化蛹害虫的栖息或化蛹场所，降低害虫种群密度，可减轻翌年为害。

3. 及时清除田边地头杂草

田边地头的杂草是许多害虫的食源植物或越冬寄主，如蚜虫、叶螨、黏虫、灰飞虱等，一些也是玉米病害致病菌的寄主。田间观察发现，杂草丛生的玉米田是迁飞黏虫选择降落取食的重要目标；矮花叶病的发生也是由于玉米苗期有大量来自杂草上的蚜虫飞入田间传播病害的结果。

4. 适当调整玉米播期

在玉米丝黑穗病发生较重地区，调整玉米播期至地温稳定达到 10~15℃时，有利于种子快速萌发出土，降低病原菌的侵染概率，可明显减轻丝黑穗病的发生。在黄淮海的粗缩病常发区，通过适期晚播或早播，使玉米苗期与灰飞虱 1 代成虫发生高峰期不相遇，可避免或减轻粗缩病的发生。

5. 合理施肥

合理施肥可以提高植株对病虫害的抗性。钾既是玉米生长不可缺少的肥料，也是影响植株抗病性的重要元素。增施钾肥，能显著降低玉米茎腐病的发生。钾元素可稳定细胞结构、防止细胞间隙扩大、加厚细胞壁，降低病原菌入侵的概率；影响玉米根系分泌物的组成，抑制病原菌生长；通过形成位于胞间及胞内的闭塞物限制病原物在寄主细胞间的扩展；提高玉米植株内酚类物质含量，调节酚代谢相关酶活性，提高根系中蔗糖合成酶和蔗糖磷酸合成酶活性，增强玉米抗病性。

二、选用抗病虫品种

选用抗病虫玉米品种是最为安全、经济和有效的病虫害控制措施。对于丝黑穗病、茎腐病、苗枯病、线虫矮化病等土传病害及玉米生长中后期发生的大斑病、小斑病和南方锈病等叶斑病，抗病品种的选择能够起到未雨绸缪的作用，避免病害突发带来的巨大损失，并能够在田间发挥减缓病害流行的作用。虽然生产推广品种普遍对玉米害虫的抗性水平较差，但品种间仍存在抗虫水平的差异，选用中抗或耐虫品种同样也可减轻害虫为害造成的损失。

三、生物防治

对于亚洲玉米螟、棉铃虫和桃蛀螟等害虫，在卵期可以通过田间释放松毛虫赤眼蜂、螟黄赤眼蜂和玉米螟赤眼蜂进行防治，也可在幼虫低龄期喷洒 Bt 制剂或白僵菌可湿性粉剂进行防控。利用木霉菌颗粒剂在播种前与复合肥混合施入土壤，对茎腐病有很好的防控效果，同时对纹枯病有一定的防效。

四、化学防治

1. 选用适宜的种衣剂进行种子处理

根据当地主要地下害虫、土传病害和苗期病虫害的发生种类，选用适宜的种衣剂进行玉米种子包衣处理。对于一般真菌病害，可选用含有福美双或咯菌腈等广谱杀菌剂成分的种衣剂；对于腐霉根腐病，则需要选用含有精甲霜灵杀卵菌剂成分的种衣剂；对于丝黑穗病，应选含有戊唑醇或苯醚甲环唑杀菌剂成分的种衣剂；对于线虫矮化病，则需要含有丙硫克百威或硫双威等杀线虫剂成分的种衣剂。此外，木霉菌复合种衣剂对玉米茎腐病有很好的防效。对于地下害虫和苗期害虫重的地区，种衣剂应含有噻虫嗪、吡虫啉、丙硫克百威、丁硫克百威、氟虫腈或溴氰虫酰胺等杀虫剂成分。溴氰虫酰胺+噻虫嗪对多种苗期害虫有很好的防效。

2. 生长中后期病虫害防控对策

对于暴发性害虫和流行性病害，应急化学防治是必需的，应根据病虫害发生的种类，选用适宜的药剂进行及时防控。防治叶螨、黏虫和双斑长跗萤叶甲等害虫时，还应将药剂同时喷洒在田间杂草寄主上，以提高防治效果。玉米抽雄后植株高大、密度高、叶片叠加，导致药剂喷洒困难、药效降低。因此，对后期发生的叶斑病和穗期害虫及穗腐病的防治关口应前移至心叶末期（大喇叭口期）。根据当地叶斑病和穗期害虫发生的种类以及发生趋势的预报，选择适宜的杀菌剂和杀虫剂，单独或组合，利用自走式高杆喷雾机或无人机进行大面积防治，达到一次施药兼治多种病虫害的目的。此阶段的施药，特别是施用具有保护性作用的杀菌剂，能够提高玉米抗病性，推迟和减少病菌的初始侵染，保护叶片绿色组织，同时也能够活跃玉米自身抵抗病虫害为害的相关代谢活动，从而提升玉米对病虫害的抵御能力，减轻病虫为害，提高玉米产量和品质。

第五节　机收减损及贮藏

一、玉米收获损失类型

玉米收获损失一般包括收割前损失、收获后损失。收割前损失一般由气温、病虫害或其他不利因素导致，可通过品种、栽培技术等进行管控。收获后损失由籽粒（花穗）与收获设备综合造成，一般可分为割台损失、脱粒机损失、清选损失、苞叶携带籽粒损失等。

二、作业前准备

（一）准备工作

玉米机械化收获作业前，应根据收获机械的使用说明书、安全操作规范和工作经验，对机械进行全面检查和保养维护。调整摘穗机的参数设定和拉茎辊间隙，拉茎辊间隙通常为 10~17

mm，茎秆粗、密度大时适当增大，但太大会导致抽茎不充分，易造成堵塞，增加果穗损失；太小会导致茎秆被咬断。

收割摘穗剥皮型玉米时应调整压送机和剥皮辊的距离，通常剥皮辊倾斜角度为 10°~12°；同时调整脱粒、清选等工作零件。玉米籽粒直接收割推荐使用纵轴流脱粒辊与圆杆式凹板结构，以减少籽粒破碎。此外，脱粒辊转速、脱粒间隙及输送叶片角度对玉米的脱净率、破碎率有较大影响。

（二）试收获运转

正式收获作业前，选择典型区域进行试运行。根据种植玉米的农艺性质选用合适配套的玉米收获机械，调整后试收。以果穗收获为主时，同时要求有剥皮、秸秆还田等功能，并对苞叶剥净率有较高要求，需要采用茎穗兼收方式。种植行与割行中心距离应低于±5 cm，宽幅多行采收时应确保种植行和割行中心距小于±3 cm。运行时注意察看机组运行情况，发现异常应立即停机排查。试收时要根据收获机使用说明书中的建议参数和工作经验采取合适作业速度，试作业有效距离 30 m 左右后停止，并倒车到开始位置查看各部位果穗收获情况、籽粒丢失碎裂情况及含杂情况，证实不存在漏收、堵塞和其他问题。

为减少玉米机械收获损失，可根据实际情况调整摘穗滚筒、传送、剥皮、脱粒、清选等部件，调整后再次试收，直到满足玉米机收质量要求。

三、选择合适的收获时期和方式

玉米机械收获要按照玉米不同的农艺特点适时收获，才能提高作业效率和生产效益。玉米成熟期要求：一般植株中等大小，下部叶片偏黄，基部叶枯干，果穗偏黄，苞叶干枯后变为黄白色、疏松，籽粒经脱水处理硬化后乳线不见，稍干后凹陷，在玉米籽粒基部（胚下端）可见黑色帽层，显示出品种固有色泽。

四、玉米机收减损的有效措施

（一）割台系统减损

玉米收获时，拨禾轮转动速度通常为收割机前进速度的1.0~1.2倍；拨禾杆高度要落在株高的2/3以上，即玉米穗顶端，以免打到穗上导致产量下降。采收宜在早晨或晚上进行；正午玉米较干燥，可适当减慢拨禾轮的转动速度，以减小对玉米穗头的冲击损耗。

收割时要适当放低割台，使拨禾轮的位置向前移动，使拨禾弹齿向后倾斜150°~300°，以加强对玉米植株的保护，避免疏割损耗。玉米发生严重倒伏时可反向收割，以减缓操作速度、减少投料量。收割到地头时要迅速拉高割台，防止割台里的玉米籽粒因惯性被甩出，从而发生损失。

（二）输送系统减损

输送设备未密闭的摘穗型玉米收割机，在玉米棒输送过程中常出现跳出槽的问题，造成损失。主要原因是输送带太紧太松或松紧度不一致，应按照使用说明及时调整松紧度。

（三）剥皮或脱粒系统减损

摘穗型带剥皮装置的玉米收割机，剥皮中易出现脱粒损失，要尽量降低剥皮辊，避免空隙过大。筛网中易堆积玉米秸秆、苞叶、玉米须、尘土等，使用剥皮设备时需及时清理筛网。如未清理干净，会造成剥皮脱落玉米籽粒无法被筛网挑选、收集，随玉米秸秆被抛撒还田，导致较大损失。

籽粒型玉米收割机如机后排出物中有苞米籽粒，是因为清选不干净造成的携带损失。一般是由于清选筛中的杂余过多，尤其是玉米须会将筛网堵塞。碎玉米秸秆上带有苞米籽粒，因为脱粒不彻底造成的损失，原因可能是玉米棒穗成熟度不够，籽粒含水率较高；或脱粒滚桶转速比低；或清选尾筛张角不足，未脱净碎棒芯未进入复脱系统。

（四）清选损失

玉米收获时将茎秆切断和土壤分离，植株高度达到一定程度时易发生倒伏。如因追求作业效率，收割速度较快、喂入量较大，会造成清选问题，同时也增加了收割机动力消耗。如发动机速度不够，应及时调整供油时间和油量或排除发动机乏力故障，确保机械正常运转。如传动皮带使用时松动，会造成皮带轮转速降低，应定期检查，拉紧或更换新带轮。此外，收割机筛片开口太小会导致籽粒不能掉落，跑出筛子，随颖糠排出。一般振动筛开度约在 2/3，下筛开度大约为 1/3。

五、秸秆处理

利用机械设备进行秸秆粉碎，有助于秸秆的二次利用。粉碎装置以刀轴为主，由轴体与刀片装配而成，借助多组刀轴的相对旋转，对玉米秸秆进行粉碎。在秸秆粉碎长度方面，可通过调整刀片密度来解决，要科学安排刀轴的排布形式，使秸秆得以彻底粉碎。

六、贮藏

（一）清仓

入库前，对仓库进行彻底清理，把杂物和灰尘扫除干净，还要除去虫窝，修补墙面，同时堵塞鼠洞。籽粒入库前要进行严格的筛选，挑选成熟度高、饱满的籽粒，去除秕粒和破碎的籽粒，除净籽粒的杂质，并按籽粒质量进行分级，保证籽粒的纯度及质量。

（二）严格控制玉米籽粒水分

水分是影响籽粒贮藏安全性的关键因素，入库时必须达到安全标准。一般要求冬季贮藏水分应控制在14%以下，夏季贮藏水分应控制在13%以下。在玉米籽粒乳熟末期至蜡熟期，将玉米果穗的苞叶剥开，使果穗暴露在空气中，能取得较好的降低含水量效果。此法尤其适用于生育期偏长、活秆成熟和籽粒脱水较慢的组合。选择晴朗干燥的天气，将收获后的籽粒进行摊晾，日光暴晒不仅可以降低籽粒的水分，还能更好地促进籽粒营养物质的合成。此外，降低籽粒水分最有效的措施是通风，一种是自然通风，利用空气对流带走种堆内的湿热空气；另一种是机械通风，利用通风机将外界干冷空气与种堆内的湿热空气进行交换，该方式降温快、效果显著。以上降低水分的方法对气候条件的依赖性较大，如遇降水或雨雪天气，可采用设备烘干机对籽粒进行干燥。

（三）控制入库温度

玉米籽粒入库时，籽粒温度不能过高，一定要低于库房温度。日光暴晒后的种子不能直接入库，否则很容易造成库内籽粒局部发热，产生霉变，可在温度降下来后再入库。

（四）贮藏期间定期检查

一是温湿度检查。及时检查库内温湿度和籽粒温度，随时掌握堆内因生物呼吸产生热量情况，防止霉变的发生。冬春季每隔

15 d 检查 1 次，夏秋季每隔 3 d 检查 1 次。二是水分和发芽率检查。长期贮藏的种子一般每 3 个月检查 1 次发芽率，种子出库前10 d 左右还需要检测 1 次。三是虫鼠害检查。根据贮藏期间的水分、温度和季节来定，一般夏季 3~5 d 检查 1 次，春季 5~10 d 检查 1 次，可用磷化锌、敌鼠等药剂制成毒饵灭鼠。

第六节　耕地保护技术

一、配套农机具

玉米保护性耕作技术的配套农机具有秸秆归行机、玉米收获机等。在玉米耕作过程中，农户可以结合耕地实际情况及成本状况对农机具进行分配。其中，农机具的分配要根据种植面积和农作物品种等因素进行调整。不同地区也需要结合实际玉米种植情况调整好农机具的配置，利用好农机具进行耕作。

二、玉米种植技术种类

我国玉米保护性耕作技术主要有 6 种。一是秸秆覆盖，指在玉米成熟收割后用特定机械设备将直立的秸秆进行收割并处理，而后将秸秆覆盖在耕地上，同时用玉米的残茬进行固定，使耕地避免被侵蚀。二是少耕、免耕，这种技术是基于传统的翻耕进行改变，使用深松机等机械设备对耕地的深层土壤进行松土工作，以有效改善团粒构造，使雨水能够深入耕地内部，增加土壤含水量。三是少耕、免耕精量播种，利用精量播种设备将开沟、施肥、播种等步骤一次完成，从而尽可能地降低耕作成本。四是现代化的病虫害防控，利用喷药器械设备除杂草、杀死害虫，并通过自走式高地隙的方式完成，以降低人工杀虫除草成本。五是中耕深松追肥，指的是利用深松机加装切刀完成深松及施肥，并降低土壤扰动，同时提升土壤利用率。六是机械收获，利用玉米收获机实现秸秆粉碎、放置作业，效率高、速度快。

第七节　玉米防灾减灾技术

一、连阴雨

（一）加强低洼地

农田基本建设路、沟、渠、电、排灌机械等设施齐全，地头沟、腰沟、畦沟"三沟"配套。

（二）起垄种植

推广旋耕、施肥、起垄、播种、复土、镇压一体化机械播种技术，垄距 60 cm，垄高 30 cm，可有效地防止和减轻渍涝灾害。

（三）清沟排水

当出现持续强降雨时，及时疏通"三沟"，排出田间积水。

二、旱灾

（一）加强农田基本建设

路、沟、渠、电、排灌机械等设施齐全，地头沟、腰沟、畦沟"三沟"配套。

（二）及时抗旱灌水

当土壤相对含水量低于 65% 时，及时抗旱灌水，灌水 450～600 m^3/hm^2。

（三）秸秆还田

前茬作物小麦收获时，进行机械粉碎还田，或不粉碎覆盖背行还田，提高土壤蓄水保墒能力。

三、高温热害

（一）加强农田基本建设

路、沟、渠、电、排灌机械等设施齐全，地头沟、腰沟、畦沟"三沟"配套。

（二）及时灌水降温

密切关注天气预报，当高温热害来临之前，及时灌水，以水调温，降低田间温度，灌水 $450\sim600$ m³/hm²。

四、风灾倒伏

（一）加强农田基本建设

路、沟、渠、电、排灌机械等设施齐全，地头沟、腰沟、畦沟"三沟"配套。

（二）宽窄行种植

南北行向，宽行 70 cm，窄行 50 cm，增加田间通风透光，增强植株抗倒能力。

（三）合理密植

半紧凑型品种，种植 60 000 株/hm² 左右；紧凑型品种，种植 67 500 株/hm² 左右。

第二章 小 麦

第一节 播前准备

做好小麦播前准备工作是提高播种质量的关键，是直接关系小麦生长发育、实现小麦高产的前提。

一、种子准备

（一）选用良种

良种是小麦生产最基本的生产资料之一，包括优良品种和优良种子两个方面。使用高质量良种是使小麦生产达到高产、稳产、优质和高效目标的重要手段。优良品种是在一定自然条件和生产条件下，能够发挥品种产量和品质潜力的种子。选用良种必须根据品种特性、自然条件和生产水平，因地制宜。既要考虑品种的丰产性、抗逆性和适应性，又要防止用种的单一性。

（二）种子处理

1. 种子精选

机械筛选粒大饱满、整齐一致、无杂质的种子，以保证种子营养充足，达到苗齐、苗全、苗壮。由秕粒造成的弱苗难以通过管理转壮，晚播麦由于播种量大更应注意选种。

2. 晒种

晒种可促进种子后熟，提高生活力和发芽率，使出苗快而整齐。晒种一般在播前 5 d 左右进行。注意不要在水泥地上晒种，以免烫伤种子。

3. 发芽试验

进行发芽试验，为确定播种量提供依据。一般要求小麦种子的发芽率不低于 85%，净度不低于 98.0%，水分不高于 13.0%。发芽率过低的种子不能做种用。

4. 药剂拌种及种子包衣

小麦播种期及冬前是病虫草害防治的关键时期，应根据当地常发病虫害进行药剂拌种或用种衣剂包衣。

（1）药剂拌种。以下列举几种药剂拌种方法。

①杀菌剂处理种子：预防全蚀病选用 12.5% 全蚀净（硅噻菌胺）200~300 mL，兑水 1 000 mL，拌麦种 100 kg，搅拌均匀堆闷 3 h 播种；或 4.8% 适麦丹（2.4% 苯醚甲环唑+2.4% 咯菌腈）30~40 mL 拌麦种 20~25 kg，堆闷 3 h 播种；或 6% 戊唑醇悬浮种衣剂，按种子量的 0.03%~0.05%（有效成分）拌种，堆闷 6 h 后播种。预防小麦散黑穗病、腥黑穗病、根腐病、纹枯病、白粉病等病害，可选 4.8% 适麦丹（2.4% 苯醚甲环唑+2.4% 咯菌腈）20 mL 拌麦种 20~25 kg，堆闷 3 h 播种；或 3% 苯醚甲环唑悬浮种衣剂 20 mL 加水兑成 100~150 mL 药浆，拌种 10~15 kg；或 6% 戊唑醇悬浮种衣剂，按种子量的 0.03%~0.05%（有效成分）拌种，堆闷 6 h 播种。

②杀虫剂处理种子：预防丛矮病、黄矮病，防治蛴螬、金针虫、蝼蛄、灰飞虱、蚜虫，选用 70% 吡虫啉粉剂 70 g+40% 甲基异柳磷乳油 50 g，兑水 1.5~2 kg 稀释成母液，均匀拌种 20~25 kg，堆闷 3~4 h 播种。

③杀虫剂、杀菌剂合理混合处理种子：以上病害和虫害混发区，可根据病虫发生种类选用以上有关杀菌剂和杀虫剂混合拌

种，达到一拌多防的效果，但要注意先拌杀虫剂，闷种晾干再拌杀菌剂；先拌乳剂，待吸收晾干再拌粉剂。拌后的种子一般不宜久放，要随拌随用。

（2）种子包衣。把杀虫剂、杀菌剂、微肥、植物生长调节剂通过科学配方复配，加入适量溶剂呈糊状，然后利用机械均匀搅拌并涂在种子上，即"包衣"。包衣后的种子晾干后即可播种。使用种子包衣省时、省工、成本低，增产显著。

二、播前耕作整地

小麦对土壤的适应性较强，但耕作层深厚、结构良好、有机质丰富、养分充足、通气性保水性良好的土壤，是小麦高产的基础。一般认为适宜的土壤条件为土壤容重在 1.2 g/cm^3 左右、孔隙度 50%~55%、有机质含量在 1.0% 以上，土壤 pH 值 6.8~7，土壤的氮、磷、钾营养元素丰富，且有效供肥能力强。

耕作整地是改善麦田土壤条件的基本措施之一。麦田的耕作整地一般包括深耕和播前整地两个环节。深耕可以加深耕作层，有利于小麦根系下扎，增加土壤通气性，提高蓄水、保肥能力。协调水、肥、气、热，提高土壤微生物活性，促进养分分解，保证小麦播后正常生长。在一般土壤上，耕地深度以 20~25 cm 为宜。播前整地可起到平整地表、破除板结、匀墒保墒等作用，是保证播种质量，达到苗全、苗匀、苗齐、苗壮的基础。

麦田耕作整地的质量要求是深、细、透、平、实、足，即深耕深翻加深耕层，耕透耙透不漏耕漏耙，土壤细碎无明暗坷垃，地面平整，上虚下实，底墒充足，为小麦播种和出苗创造良好条件。

三、施用底肥

小麦的施肥技术应包括施肥量、施肥时期和施肥方法。小麦施肥量应根据产量指标、地力、肥料种类及栽培技术等综合确定。

$$施肥量（kg/hm^2）=$$
$$\frac{计划产量所需养分量（kg/hm^2）-土壤当季供给养分量（kg/hm^2）}{肥料养分含量（\%）\times 肥料利用率（\%）}$$

计划产量所需养分量可根据 100 kg 籽粒所需养分量来确定；土壤供肥状况一般以不施肥麦田产出小麦的养分量测知土壤提供的养分数量。在田间条件下，氮肥的当季利用率一般为 30% ~ 50%；磷肥为 10% ~ 20%，高者可达到 25% ~ 30%；钾肥多为 40% ~ 70%。有机肥的利用率因肥料种类和腐熟程度不同而差异很大，一般为 20% ~ 25%。

小麦施肥原则应增施有机肥，合理搭配施用氮、磷、钾化肥，适当补充微肥，并采用科学施肥方法。一般有机肥及磷、钾化肥全部底施；氮素化肥 50% 左右底施，50% 左右于起身期或拔节期追施。

底肥施用应结合耕翻进行。对于秸秆还田的地块要适当增加底施氮肥的用量，以解决秸秆腐烂与小麦争夺氮肥的矛盾。缺锌、锰的地块，每公顷可分别施硫酸锌、硫酸锰 15 kg 作底肥或 0.75 kg 拌种。

四、播前灌水

底墒充足、表墒适宜，是小麦苗全、苗齐、苗壮的重要条件。墒情不足，播后不仅影响全苗，而且出苗不齐，产生二次出苗，形成田间大小苗现象。多数年份入秋以后雨量较少，一般要浇足底墒水，以满足小麦发芽出苗和苗期生长对水分的需要，也可为中期生长奠定良好基础。一般不宜抢墒播种，播后要浇蒙头水。玉米成熟较晚的，提倡玉米收获前洇地，起到"一水两用"的作用，确保小麦适时适墒播种。秋雨较多、底墒充足时（壤土含水量 17%~18%、沙土 16%、黏土 20%），可不浇底墒水。

第二节　播种技术

一、播种期

（一）冬前积温

小麦冬前积温指播种到冬前停止生长之日的积温。播种到出苗一般需要积温 120℃左右，冬前主茎每长一片叶平均需要 75℃积温，据此，可求出冬前不同苗龄的总积温。如冬前要求主茎长出 5~6 片叶，则需要冬前积温 495~570℃，根据当地气象资料即可确定适宜播期。目前小麦生产上多采取主茎和分蘖成穗并重的栽培途径（即中等播量），使冬前主茎叶片达到 5~6 片，容易获得高产；冬前主茎叶片达到 7 片以上时易形成旺苗，不利于培育壮苗和安全越冬。

（二）品种特性

一般冬性品种宜适当早播，半冬性品种可适当晚播。各麦区冬小麦的适宜播期为：冬性品种一般日均温 16~18℃，弱冬性品种一般 14~16℃。在此范围内，还要根据当地的气候、土壤肥力、地形等特点进行调整。

（三）栽培体系

精播栽培，苗龄大，易早播；独秆栽培，冬前主茎 3~4 片叶，宜晚播。

春小麦主要分布在北纬 35°以北的高纬度、高海拔地区，春季温度回升缓慢，为了延长苗期生长，争取分蘖和大穗，一般在气温稳定在 0~2℃，表土化冻时即可播种。

二、播种量

对播种质量的要求是行直垄正，沟直底平，下籽均匀，播量准确，深浅适宜，覆土严实，不漏播，不重播。

（一）播种深度

覆土深浅对麦苗影响最大。覆土深，出苗晚，幼苗弱，分蘖发生晚。覆土过浅，种子易落干，影响全苗；分蘖节离地面太近，遇旱时影响根系发育，越冬期也易受冻。从防旱防寒和培育壮苗两个方面考虑，播种深度宜掌握在 3~5 cm。早播宜深，晚播宜浅；土质疏松宜深，紧实土壤宜浅。

（二）播种方式

目前小麦播种多为机械播种，播种方式高产麦田以 12~15 cm 等行距为宜，以利于小麦植株在田间分布均匀，生长健壮。宽窄行播种方式适于套种其他作物。

（三）播后镇压

小麦播后镇压可以踏实土壤，提高整地质量，使种子与土壤密接，以利于种子吸水萌发，提高出苗率，保证苗全苗壮，是小麦节水栽培的重要措施。小麦玉米两熟区玉米秸秆直接还田的地块土壤较暄，播后镇压尤为重要。对于抢墒播种、墒情稍有不足的地块，播后镇压可提高抗旱能力，有利于苗全苗壮。

（四）酌情浇蒙头水

对于土壤水分不足以及秸秆还田土壤较暄的地块，可以在播后 3~4 d 浇蒙头水或出苗后 3~4 d 浇出苗水，其作用是踏实土壤、补充土壤水分，以保证出苗整齐及苗期正常生长。

第三节　田间管理

小麦生长发育过程中，麦田管理的任务：一是通过肥水管理等措施满足小麦生长需求，保证植株良好发育；二是通过保护措施防治病虫草害和自然灾害，保证小麦正常生长；三是通过促控措施使个体与群体协调生长，实现栽培目标。

一、前期管理

（一）查苗补种，雨后破除板结

小麦出苗后要及时查苗，发现缺苗立即补种。播种后出苗前遇雨，要及时耙地破除板结，以免影响出苗，黏性土壤尤为注意。

（二）冬前防治病虫

土蝗和传毒昆虫灰飞虱的防治是秋季苗期的防治重点。对于早播田或靠近棉田、树林、沟渠等杂草多的地块，为防止土蝗、蟋蟀为害及丛矮病的发生，除播种前采取药剂拌种外，在小麦出苗率达50%时，及时选用有机磷类、菊酯类等药剂喷雾，一般沿麦田周围向里喷5~10 m的保护药带，对有为害趋势的要及时全田喷洒。

（三）酌情浇蒙头水

对于抢墒播种的麦田，可浇蒙头水，以保证种子正常萌发出苗。秸秆还田整地质量差的麦田，浇蒙头水可踏实土壤，有利于苗全、苗匀、苗壮。

（四） 适时冬灌

（1）冬灌的作用。适时冬灌可以缓和地温的剧烈变化，防止冻害；为返青保蓄水分，做到冬水春用；可以踏实土壤，粉碎坷垃，防止冷风吹根；可以消灭越冬害虫。总之，冬灌是小麦越冬期和早春防冻、防旱的重要措施，对安全越冬、稳产、增产具有重要作用。

（2）冬灌技术。冬灌要适时，以昼消夜冻时最为适宜，上冻前结束。但生产上要适当提前，以免有浇不上水的危险。浇水过早，失墒较多，起不到冬灌的作用，易受旱冻危害。浇水过晚，水不易下渗，地面积水结冰，使麦苗在冰下窒息，还会因冻融而产生的挤压力使分蘖节受伤害，甚至形成"凌抬"断根死苗。

越冬前土壤含水量为田间持水量80%以上，或底墒充足的晚麦田，可不冬灌，但要注意保墒。

（五） 冬季镇压

在冬至至立春期间，选择晴天下午用碌碡或镇压器普压一遍，以压碎坷垃、弥合裂缝，保墒、保苗安全越冬。

（六） 早春锄划

早春的温度和水分是影响小麦返青生长的主要因素。早春中耕锄划可以提高地温、保墒，使表土细碎、上虚下实，促进根系的生长，促苗早发快长。生产中一般在返青前后进行搂麦。

（七） 酌施返青肥水

生产中一般返青期不追肥、不浇水。但对于失墒重、水分成为影响返青正常生长的主要因素的麦田，应浇返青水，俗称

"救命水"。但不可过早,宜在新根长出时浇水。浇水量不宜过大,以每公顷 600 m³ 左右为宜。越冬前有脱肥症状的,可以结合浇返青水少量追肥。浇水后要适时锄划,增温保墒,促苗早发。

(八) 禁止麦田放牧

麦田放牧对麦苗有多种危害。一是减小绿叶面积,光合产物合成和积累能力下降;二是延缓返青进程,严重的会造成麦苗死亡;三是造成麦苗机械损伤,易引起病虫侵害,加重春季干旱和寒冷的危害。

二、中期管理

(一) 合理运筹起身拔节期肥水

根据起身期和拔节期肥水的作用及具体苗情,合理运筹肥水管理措施。

(1) 起身期。对于群体较小、苗弱的麦田,要在起身初期施肥、浇水,以促进春季分蘖增生,提高成穗率;对于一般麦田,在起身中期施肥、浇水;对旺苗、群体过大的麦田,应控制肥水,促进分蘖两极分化,防止过早封垄发生倒伏。

(2) 拔节期。对于地力水平和墒情较好、群体适宜的壮苗,春季第一次肥水应在拔节期实施;对旺苗需推迟浇水;返青期已经浇水施肥的麦田,也应该推迟到拔节期再施肥浇水;起身期已追肥浇水的麦田,在拔节期控制肥水。拔节期肥水的时间,应掌握瘦地、弱苗宜早,肥地、壮苗和旺苗宜晚的原则。

(二) 控制旺长

旺长麦田群体偏大,通风透光不良,麦苗个体素质差,秆高茎弱，根冠失衡，抵抗能力下降，尤其是抗倒伏能力降低，后期遇风雨天气易倒伏减产。

控制小麦旺长的传统措施主要用镇压、深中耕断根、限制肥水等方法，但耗时费工，控制期短。目前，使用植物生长延缓剂进行化控是较为经济有效的手段，可调节小麦茎叶生长，使小麦基部节间缩短、粗壮，防止后期"茎倒"和后期根系早衰，提高小麦抗旱、抗寒、抗风的能力。可选用壮丰安、多效唑等化控产品，在小麦返青到起身期，每公顷用 15% 多效唑可湿性粉剂 750 g，或每公顷用壮丰安（即 20% 甲多微乳剂）450～600 mL，兑水 375～600 kg 稀释后喷洒。要求无风或微风天气喷施。在小麦拔节中后期不宜使用，以免形成药害和影响抽穗。

（三）浇好孕穗水

小麦孕穗期是四分体形成、小花集中退化时期。此期为需水临界期，缺水会加重小花退化、减少穗粒数，影响千粒重。良好的肥水条件，能促进花粉粒的正常发育，提高结实率，增加穗粒数，还有利于延长上部绿色部分功能期，促进籽粒灌浆。因此，孕穗期必须保证水分的供应。

此期一般不再施肥，但对于叶色发黄、有缺肥表现的麦田，可补施少量氮肥。叶色浓绿的麦田则不宜追肥，以免贪青晚熟。

（四）防止晚霜危害

小麦拔节至孕穗期间要防止晚霜冻害。拔节后，生长锥已处于地表以上，抗寒能力很弱，晚霜低温易造成冻害。根据文献报道，夜间百叶箱温度降到 −5～−2℃，地面温度降到 −10～−5℃，如持续 6～7 h，对拔节以后（第二节间显著伸长）的植株危害严重，刚拔节的危害较轻。

浇水是预防和减轻晚霜冻害的有效措施。但浇水时间不同，防冻效果不同，在霜冻降温过程中浇水的，反而冻害严重。因此，应随时关注天气变化，根据天气预报，在低温寒潮到来之前采取灌水等措施，预防晚霜冻害，减轻不利天气的影响。返青以后如遇寒流应立即停止浇水，温度回升后再浇。

三、后期管理

（一）浇水

小麦抽穗到籽粒形成期（约开花后 10 d），根系生活力依然较强，籽粒迅速膨大，对水分的要求极为迫切，如果水分不足，会影响光合产物的合成和运转，导致籽粒干缩退化，降低穗粒数。所以，抽穗扬花期必须保证水分充足供应。

进入灌浆期后，根系活力逐渐衰老，对环境条件的适应能力较弱，要求有平稳的地温和适宜的水气比例，水分以 70%～75% 为宜，以维持根系正常的呼吸和吸收。因此，浇好灌浆水，不仅可以满足小麦灌浆期对水分的要求，还可降低地温，有利于防止根系早衰，达到以水养根、以根保叶、以叶保粒的作用。同时可减轻干热风危害。

（二）叶面喷肥

对于叶色较淡、有早衰趋势的麦田可叶面喷洒 2%～3% 的尿素溶液，每公顷用量 750 kg，以防早衰；对有贪青晚熟趋势的麦田，可喷 0.3%～0.4% 磷酸二氢钾溶液，每公顷用量 750 kg，加速养分向籽粒中转移，提高灌浆速度。

第四节 病虫害防控

一、播种前防治

(一) 科学选择种植区域

小麦种植区域应采取科学轮作的方式，避免在同一地块连续多年种植同一品种，以免产生耐药性。同时还要注意选用优质的种子，确保无病虫害。土壤要富含有机质，耕作层保持深厚，通气良好、排水良好的土地才能获得较好的收成。

(二) 科学整地与施肥

在播种之前，应该对土壤进行全面整理，应该将秸秆切碎、切细，并且适当深翻 25~35 cm，以便清除土壤中的越冬病虫害。如果耕作层较浅，建议每两年进行一次深翻。

二、播种期的防治

(一) 晒种

播种前对麦种进行晾晒处理工作。选择晴朗天气，把麦种放在通风干燥的地方，每天早晚各晒 30 min 左右。这样能够杀死大部分病虫卵和细菌孢子。晾晒麦种 2~3 d，能有效杀死种子表面虫卵，有利于麦种的保活。

另外，也可以在麦种上撒些石灰粉或石灰水，有助于灭菌。

(二) 选种

品种选择上要注意避免品种单一，可以尝试不同品种间的组合种植，以增加抗病性和产量，同时也需要注意选择具有抗病性的品种。选种一般用饱和盐水选种法，小麦种子应饱满，没有破损。水分含量适中，不干涩也不过于潮湿。

（三）拌种

药剂拌种是经济有效的病虫害防控措施之一。根据虫害生长规律，选择合适的药物配合使用，以达到最佳防治效果。一般情况下，在小麦播种前 10～15 d 内用药拌种即可。要正确使用农药，可预防病虫害，最终提升小麦的产量。

三、抽穗期病虫害防控

抽穗期是小麦多种病虫害的高发期，重点防治病虫害（主要有灰霉病、茎腐病、纹枯病、根腐病等）。针对不同的病虫害，采取不同的防治措施。因此，除了正确的选种和拌种外，还需要采用有效的药物治疗，如 25%戊唑醇可湿性粉剂和 20%三唑酮乳油，并结合喷雾，以有效阻止病虫的侵害和扩散。

四、灌浆期病虫害防控

灌浆期是小麦产量形成的关键时期，也是各种病虫为害最严重的时期。由于灌浆期的持续时间较长且气温较高，使得各种病虫得以迅速繁殖。要关注天气变化，密切监测病虫动态。如遇降水、大雾、风力较强等不利条件，应及时停止灌浆作业。可用 25%戊唑醇可湿性粉剂或 25%氰烯菌酯悬浮剂兑水喷雾。若遇连日高温，可使用 30%的硫酸铝溶液加适量水调制成的混凝剂喷洒。

第五节 机收减损及贮藏

一、机收减损

(一) 正确选择机收期和作业时间

小麦收获期相对集中，农时性较强。在小麦机收作业时，要正确选择机收期和作业时间。小麦机收最佳收获期是在小麦蜡熟末期至完熟初期进行收割，此时小麦产量高，品质好，机收损失相对较低，比较适合机械化收获。小麦蜡熟中期特征为下部叶片干黄，茎秆有弹性，籽粒转黄色，饱满而湿润，籽粒含水率为25%～30%。

大田作业时，可在小麦蜡熟中末期进行收割，以保证大部分小麦在适收期完成收割。如遇雨季迫近，急需抢种下茬作物时，可适当提前进行收割。收获过熟小麦时，应选择在早晨或傍晚小麦茎秆韧性较大时进行。收获成熟度不足的小麦时，应选择在天气干燥时进行。

(二) 合理选择小麦机收作业行走路线

小麦机收作业常采用顺时针向心回转、逆时针向心回转、梭形收割3种收割行走路线。在实际小麦机收作业时，农机手应根据地块实际情况灵活选择适合的行走路线。要尽量保证卸粮方便、快捷，减少小麦收获机空行。小麦收获机在直线收割状态下作业效率最高、损失最小，应避免在机收过程中频繁调头转弯。对于缺少机耕道的地块，应先割出地头，方便收获机转弯。小麦收获机转弯时应停止收割作业，将割台升起，可以采用倒车法转弯或兜圈法直角转弯。不要边割边转弯，避免因分禾器、行走轮或履带压倒未割小麦，造成漏割损失等。收获机行驶到地头时，应快速升高割台，以防割台内穗头、籽粒在惯性作用下甩落田间。

（三）正确选择合适的作业速度

小麦机收过程中，农机手应根据联合收获机自身喂入量、小麦产量、自然高度、小麦干湿程度等因素综合研判，选择适宜的作业速度。收获过程中应保证小麦联合收获机发动机在额定转速下运转。通常情况下，采用正常的作业速度收获。小麦长势好、密度大、产量高的地块应低速进行收割，小麦长势差、密度小的地块，可适当高速进行收割。当小麦湿度大时，应适当降低作业速度，小麦干燥时，可适当提高作业速度。

通常情况下，应当保持匀速收割，尽量避免急加速或急减速。在作业过程中为保证收割负荷额定运转，严禁通过减小油门的方式降速。

（四）正确选择作业幅宽

小麦机收时，要正确选择作业幅宽，不能有漏割现象。在负荷允许的情况下，控制好作业速度，小麦收获机应尽量接近满幅宽工作，并保证喂入量均匀、速度均衡，防止因喂入量过大，造成割台堵塞、脱粒不净等机收损失。当小麦密度高、湿度大或留茬高度过低时，小麦联合收获机低速作业仍超载时，应适当减小作业幅宽。一般将作业幅宽减小到额定作业幅宽的80%时，即可满足作业要求。

（五）合理确定小麦留茬高度

选择小麦割茬高度时，应根据小麦的生长情况和地块的平整度合理选择。小麦留茬高度一般以 5~15 cm 为宜，在保证正常收割的情况下，小麦留茬高度应尽量低，一般不小于 5 cm。小麦留茬过高，易造成部分小麦漏割。同时，拨禾轮的扶禾铺放作用减弱，易造成落地损失。小麦留茬过低，易造成小麦收获机割台进土，加快切割器磨损等。

（六）合理确定拨禾轮转速和位置

拨禾轮的调整主要是拨禾轮高低和前后位置、转速以及弹齿倾角的调整。小麦机收过程中，要根据小麦长势等收获时的不同状况合理确定拨禾轮转速和位置，以利于提高作业质量和减少割台机收损失。正常小麦收割时，应调整拨禾轮线速度为联合收割机行进速度的 1.1~1.2 倍，不易过高。拨禾轮高低位置应使拨禾轮弹齿或压板作用在小麦植株 2/3 处。拨禾轮弹齿应垂直于地面。前后位置应使拨禾轮轴调到护刃器前梁垂线 250~300 mm 距离处。当小麦长势较高，密度较大时，拨禾轮应调高前移。当小麦长势较矮时，拨禾轮应调低后移。当小麦倒伏时，应适当调低拨禾轮转速，顺倒伏方向收割时，拨禾轮应调低前移，弹齿向后倾斜。

当小麦倒伏严重时，逆倒伏方向收割时，拨禾轮调低后移，弹齿向前倾斜。

二、秸秆还田

玉米收获后，趁玉米秆含水分多、脆而易断的特点，用圆盘耙切碎，直接耕翻在地里。需要注意几点：一是秸秆还田一定要结合施入一定量的氮、磷化肥，特别是氮素化肥，因为秸秆含氮少，而微生物分解秸秆时需要氮素，一般每亩补施 5 kg 纯氮（10~12 kg 尿素）；二是耕地后墒情不好，一定要浇塌墒水。墒情好时，小麦出苗后，要浇好压根水，坡旱地注意耙压，防止秸秆还田的地块虚茬不实，跑风死苗。

三、贮藏

小麦籽粒贮藏前必须充分晾晒，使含水量低于 13% 以下时再入仓贮藏，以免影响种子发芽率和活力。但作为种用的不宜过度暴晒，更不能在水泥地上面晒种，以免烫坏种子。要求贮存麦种的仓库温度最好在 20℃ 以下，通风干燥，还要注意防鼠、防虫。

第六节　耕地保护技术

一、适宜条件

小麦耕地保护一般适用于一年一熟小麦种植地区，年平均气温 12℃ 左右，0℃ 以上积温为 4 000℃ 以上，10℃ 以上积温为 3 600℃ 以上，无霜期 180 d 左右，年降水量 450 mm 左右，土壤以褐土为主。

二、一年一熟冬小麦耕地保护技术

1. 免耕秸秆覆盖体系

其工艺流程如下。

小麦收割→秸秆覆盖→（休闲期化学除草）→免耕施肥播种→田间管理（查苗、补苗等）→越冬→化学除草→病虫害防控→收割[*]

该技术体系适用于亩产 200 kg 以下、表土平整、疏松的地块。其工艺规程如下。

（1）收割。可采用联合收割机、割晒机收割或人工收割。

---

[*]　注：工艺流程中带括号的作业为根据具体情况选择性作业。下同。

要求留茬高度保持在 20 cm 左右，脱粒后的秸秆在地表均匀覆盖。如用联合收割机收割，应将成条或集堆的秸秆人工挑开；如采用割晒机收割或人工收割，应将脱粒后的秸秆运回田间均匀覆盖。其目的是更好地发挥秸秆覆盖的保水保土作用，且防止由于覆盖不均匀造成后续播种作业时的堵塞。

（2）休闲期除草。根据休闲期田间杂草的实际生长情况进行。一般若休闲期降雨少、田间杂草少时，可人工除草或不除草；若降雨较多、田间杂草量大时，可在杂草萌发后至 3 叶以前，喷施克芜踪除草剂 1~2 次，直至小麦播种前 3~5 d 停止使用。严格控制杂草滋生；按除草剂说明书使用农药，防止污染和产生药害；因连雨天无法用化学防除法控制杂草时，可用人工或浅松机械除草，并要求在播种前完成。

（3）免耕施肥播种。在小麦播种适期及时播种。播种用种子应清洁无杂，发芽率应达到 90% 以上；为减少病虫为害，应按拌种剂的使用说明进行拌种；随免耕播种进行的施肥应用颗粒肥料，不得有大的结块；播种中应随时观察，防止由于排种管、排肥管堵塞而造成漏播；遇到秸秆堵塞时应及时清理并重播，以保持较高的播种质量。

（4）查苗、补苗。小麦出苗后应及时查苗，如有漏播应及时补苗。

（5）返青后的田间管理。返青后的田间管理主要是进行除草和病虫害防控。3 月中旬至 4 月初杂草萌动时，喷施农家宝 1 次，以防除杂草与促小麦拔节孕穗；5 月中旬混合喷施农家宝与氧化乐果 1 次，以促进小穗形成和防治红蜘蛛及蚜虫。

2. 免耕碎秆覆盖体系

其工艺流程如下。

小麦收割→秸秆粉碎还田覆盖→（休闲期化学除草）→免耕施肥播种→田间管理（查苗、补苗等）→越冬→化学除草→

病虫害防控→收割

该技术体系适用于亩产 200～300 kg、地表平整、土壤疏松的地块。免耕碎秆覆盖体系的工艺规程与前述免耕秸秆覆盖体系基本相同。不同之处是小麦的秸秆量大，需要在小麦收割后对覆盖还田的秸秆进行粉碎处理。

秸秆粉碎还田覆盖有两种作业工艺可供选择。一种是用自带粉碎装置的联合收割机收割小麦，要求留茬高度 10 cm 左右，使较多的秸秆进入联合收割机中粉碎，抛撒于地面。另一种是用不带粉碎装置的联合收割机收割或采用割晒机或人工收割，覆盖在田间的秸秆较多、较长，需要进行专门的秸秆粉碎。对后一种收割工艺，可采用高留茬（20 cm 左右），以减少收割机的喂入量，提高效率；对覆盖在田间的秸秆可利用秸秆粉碎机粉碎还田。秸秆粉碎作业的时间可在收割后马上进行，也可在稍后田间杂草长到 10 cm 左右时进行，这样可在进行秸秆粉碎的同时完成一次除草作业，减少作业次数，降低成本。

3. 秸秆覆盖+表土作业体系

其工艺流程如下。

小麦收割→秸秆粉碎还田覆盖→（休闲期化学除草）→播种前表土作业→施肥播种→田间管理（查苗、补苗等）→越冬→化学除草→病虫害防控→收割

该技术体系适用于亩产 350 kg 以下、地表不平的地块。

工艺规程：其作业与免耕秸秆覆盖体系和免耕碎秆覆盖体系基本相同，不同之处是当播前地面不平、地表秸秆量过多、杂草量过大或表土状况不好时，播种前需进行一次表土作业。目前，表土作业可供选择的有浅松、耙地和浅旋 3 种。3 种表土作业的选择原则和要求各不相同。

（1）浅松。浅松作业是利用浅松铲在表土下通过，利用铲刃在土壤中的运动，达到疏松表土、切断草根等目的，利用浅松

机上自带的碎土镇压轮（辊）使表土进一步破碎和平整；浅松作业不会造成土壤翻转，因而不会大量减少地表秸秆覆盖量，主要目的为松土、平地和除草。要求：播前宜耕湿度时进行，浅松深度为 8 cm 左右。

（2）耙地。地表秸秆量较大且杂草量一般、地表状况较差时采用。要求：用轻型耙进行；在播前 15 d 左右或更早宜耕湿度时进行；耙深要求小于 10 cm。

（3）浅旋。地表秸秆量过大、腐烂程度差、杂草多、地表状况差时采用。要求：播前 15 d 或更早时进行，以保证有足够的时间使土壤回实；浅旋深度为 5~8 cm。

表土作业均有除草作用，可代替休闲期的一次喷除草剂除草。浅旋对土壤破坏较大，尤其是会伤害表土中的蚯蚓，不符合保护性耕作少扰动土壤的要求，一般只能是缺乏其他表土作业时的一种过渡手段。

第七节　小麦防灾减灾技术

一、冻害

重点加强肥水管理，营造麦田抗冻生态。若墒情不足，应在封冻前日平均气温为 3℃ 左右时进行冬灌，灌后划锄，增墒保温，改善田间小气候，可有效防止小麦冻害。降温前 1~3 d，需及时混合喷洒叶面肥、植物生长调节剂，增强植株抗性。

二、干热风

（一）适期播种

播种期为 10 月 10—20 日，不宜过早或过晚，培育壮苗，尽早使小麦进入蜡熟期，提高抗逆性。

（二）浇好灌浆水，同时结合病虫害防治

使用尿素 1 kg/亩和磷酸二氢钾 0.2 kg/亩兑水 50 kg 进行叶面喷施，预防干热风危害，促进氮素积累与籽粒灌浆。

（三）加大高标准农田建设力度

提高麦田保供水能力，降低干热风危害程度。

三、干旱

（一）播后镇压，小麦播种时随种随压

对于秸秆还田地块，小麦播种后可选用专门的镇压器镇压 2 次左右，以提升镇压效果，确保小麦出苗后根系正常生长，增强小麦抗旱能力。

（二）提墒保墒措施

小麦返青前可采用划锄、镇压、秸秆覆盖等提墒保墒措施，减轻干旱危害。注意镇压时压干不压湿、压软不压硬，即土壤湿度大时不压、土壤上冻时不压。

（三）增强小麦的抗旱能力

小麦孕穗期可采用化控技术，叶面喷施黄腐酸抗旱剂或磷酸二氢钾溶液，减少植株水分蒸发，提高根系生长能力，增强小麦的抗旱能力。小麦根系生长量增加，蒸腾强度降低，新陈代谢旺盛，光合作用加强，有利于增加千粒重和有效穗数，从而提高小麦产量和质量。

第三章 水 稻

第一节 播前准备

一、选地

在水稻种植过程中，所选地块的土壤养分、土壤透气性等均与水稻的质量和产量密切相关。因此，要选择适宜水稻生长的地块和苗床，保证所选地块的土壤中含有充足的养分，且必须保证土壤的透气性和透水性良好，以提高水稻成活率。尽量选择有南风、阳光充足、排水便利的地块，并确保地块土质疏松、土壤中含有丰富的有机质。

二、整地

种植水稻之前，一定要先修整土地，及时清除其中的岩石、杂草或其他废弃物。同时，不宜使稻田过于干燥，以免影响水稻种子的成活率。整地持续时间不宜过久，一般要在 3 d 内完成。

第二节 播种技术

一、科学选种

优良的水稻品种是首选，选择科研单位繁育的、经过实验考验的水稻品种。保证水稻整齐、无病害，插秧之后以返青快的为宜，以抗逆性强的水稻品种为首选。

二、配制育苗床土要科学

要想培育壮秧，要科学地配制育苗床土。育苗床土可以用营养土配制，也可以用浓硫酸配制。

三、浸种、催芽

适当的浸种可以提高种子发芽率和增强发芽势。浸种时注意药剂选择和药剂用量即可。浸种过程一般以每天翻动 2 次为宜；浸种工作结束后需要进行催芽，催芽建议用 35~40℃的温水。

四、播种

首先，要掌握好播种时间。播种时间太早或太晚均会影响秧苗的质量。例如，播种太早容易导致秧苗老化，从而减缓分蘖；播种太晚会使秧苗不够强壮，导致秧苗返青速度减慢。播种之后要适量浇水。

第三节　田间管理

一、移栽

培育好秧苗后要选择合适时间进行移栽。移栽之前要对田地进行耕耙，确保土壤松软、平整、深厚，同时要施足基肥，创造良好的土壤环境。移栽时需遵循"适时早栽"的原则，以免错过水稻最佳生长季节，延长水稻的生长期。一般在平均气温15℃以上时，即可移栽。插秧时要注意秧苗的间距，行距控制在19.98~23.31 cm，株距控制在 13.32 cm 左右，一丛秧苗控制在两三株即可，要使每株秧苗均能得到充足的光照，并且能够充分汲取土壤的营养。另外，要注意插秧深度。为了促进秧苗分蘖，要将秧苗浅插入土壤中，以保证足够的氧气供应。

二、施肥与灌溉

秧田基肥应重施优质有机肥，有机肥料肥效长，养分全，含有大量水稻生长所必需的营养元素。一般每亩施用 500~1 000 kg，同时每亩施用尿素 3~5 kg、磷酸二铵 8~15 kg、氯化钾 7~8 kg 或亩施复合肥 20~30 kg，以达到供肥均匀的目的，促使苗壮苗齐。移栽前 4~5 d，每亩施用尿素 6~7 kg 或高氮复合肥 8~10 kg 作为送嫁肥，以利秧苗移栽后尽快返青，恢复生长。

为了加强田间透气，减少病害发生，提高根系活力，防止叶片早衰，促进茎秆健壮，应采取"干干湿湿，以湿为主"的水管理方法，以期达到以水调气、以气养根、以根保叶、以叶壮籽的目的。

三、水稻插秧机作业

进水田，跨沟过埂时，插秧机应提升，慢速行驶，特别注意防止插秧机翻倒。

作业过程中，注意不要随便接触各个转动部分，特别是在清除秧爪和秧门口上散乱秧苗或调整皮带时要更加小心，最好是停机处理。

插秧机前进、后退、转弯时，一定要看清周围是否有人，及时示警，确保安全。田间转弯时，停止栽插部件工作，并提升栽插部件。

变换速度或添秧时，一定要切离总离合器和插秧离合器，降低发动机转速再换挡或添秧。

插秧机在田间只可在提升状态下短距离倒车，防止因陷脚而造成人员伤害。

插秧机在土壤过深过黏的田里作业困难时，要断开插秧离合器手柄，采取有效措施驶离田块，注意不要推拉导轨、秧箱等薄弱部件，以免损伤插秧机。

四、水稻高效栽培模式的田间管理

（一）再生稻栽培

再生稻栽培是水稻收获以后，利用稻茬上的休眠芽长起来的再生蘖，加以适当培养而获得一定产量的栽培方法。再生稻生长发育快，管理技术简单，省工省力。在生长季节较短、不适宜发展双季稻的地区，是提高复种指数的一种方式，也是抗灾的一种救急栽培方式。

注意选用良种，合理布局，同时种好头季稻，为再生稻高产打好基础。在头季稻齐穗后 15～20 d，每公顷用尿素 150～225 kg、过磷酸钙 150～225 kg、氯化钾 75～105 kg 撒施促芽肥。适时收割头季稻，保留适当稻桩高度，一般籼稻留桩高度 33～40 cm，保留倒 2 芽（自上而下第二、第三节的芽），才能保再生稻安全齐穗、早熟、高产稳产。粳稻基部节间腋芽率高，稻茬不需要留得太高。头季稻收割后 3～5 d 内，每公顷用尿素 45～75 kg 均匀撒施发苗肥。

搞好再生稻管理，应注意发苗期保持浅水层，生育期间防治病虫害。头季稻收后和再生稻始穗期各喷施一次"九二〇"，促进再生稻发苗早而快，增加茎数、株高和结实粒数，穗层较整齐产量高。齐穗期喷施磷酸二氢钾以提高结实率和粒重。再生稻成熟期参差不齐，应在九成熟后收获。

（二）单季稻栽培

1. 播前种子处理

晒种，以提高发芽势；药剂消毒处理，要严格把握药液浓度和浸种时间，同时结合使用烯效唑浸种处理，以促进秧苗健壮。

2. 培育稀播壮秧

适时播种，单季稻在5月下旬到6月初播种。稀播育壮秧，单季手拔大秧，秧本比1：（8~10），秧田亩播种量30 kg；施好秧肥，抓好钾、磷肥的施用。防治好秧田病虫害。

3. 机械化耕整地

旱整地与水整地相结合。旱整地要旱耕、旱平、整平垦沟，结合泡田打好田埂；水整地要在插秧前5~7 d进行，使用拖拉机配搅浆平地机一次作业达到整平耙细，做到水田内高低不过寸。翻转犁翻地时，翻地深度18~22 cm，翻地要求做到扣垡严密、深浅一致、不重不露；旋耕机耕整地时，要求耕整深度均匀一致，旋耕深度14~16 cm。

4. 机械化移栽

根据水稻品种、栽插季节、秧盘选择适宜类型的插秧机，提倡采用高速插秧机、侧深施肥插秧机作业，部分有条件的地区可采用钵苗移栽机。

采用插秧机作业的栽插密度一般在25~30穴/m²，5~7株/穴，基本苗数125~180株/m²。气温稳定超过13℃、泥温稳定超过15℃时为移栽时期。根据各个地区的土地、肥力等情况，栽插穴距以10~17 cm为宜。浅水移栽，水深以2~3 cm为宜。

采用侧深施肥插秧机时，施肥位置距水稻秧苗根部3~5 cm且深度为5 cm。土壤要有一定的耕深，特别是秸秆还田的地块，要求耕深达15 cm以上；选用粒径为2~5 mm的侧深施肥专用肥料，含水率≤2%，要求手捏不碎、吸湿少、不黏、不结块。

5. 秧田期管理

为促进秧苗健壮，遮阳网应日盖夜揭。秧苗2叶1心时，揭去遮阳网，同时，为控制秧苗高度，1叶1心时用15%多效唑可湿性粉剂 20 g 加水 40 kg，配成 75 mg/mL 的多效唑药液，均匀喷雾。秧苗 2 叶 1 心时施断奶肥，每亩秧田施尿素 3 kg 左右。

水分管理：苗期水分管理以沟灌湿润为主。播种至 2 叶期，一般晴天灌半沟水，阴雨天排干水，保持土壤湿润通风，促进扎根出苗。2 叶期后至移栽前 3~5 d，一般不灌水。如果遇到连续高温干旱天气，中午发现秧苗有卷叶、暂时萎蔫现象时，可在当天傍晚灌一次"跑马水"，即浸透床土以后，立即排干。移栽前 3~5 d 排干秧沟水，促进秧苗盘根。

6. 抛秧

机械抛秧密度确保合理基本苗、提高抛栽质量。精细耕整大田，要求田面高低差不超过 3 cm，看天、看苗适期抛秧，提倡定向点抛秧，抛足基本苗，提高均匀度。

7. 插秧

采用高速插秧机作业，带侧深施肥的乘坐式水稻插秧机在插秧同时可完成在秧苗侧方定点定量施肥作业。有条件的地方可采用钵苗移栽机。

（三）双季稻

1. 科学安排播种期

依照早稻估计的成熟期，科学合理安排晚稻品种与播种期。遇到早稻成熟期提前，要合理安排晚稻浸种育秧的时间，早稻一定要按时收割。如果遇干旱的气候，晚稻栽插困难，要采取有力措施抗旱，争取晚稻插下去。避免晚稻的生育期延误，保证晚稻安全齐穗。

2. 浸种育秧

提倡集中育秧。浸种前要晒种，做好种子消毒，适当增加大田用种量。催芽过程中要严格控制好温度和湿度，尽量采用温室等设施进行催芽，或者直接购买芽谷。

要适当增加大田盘量，做到精量播种，施用壮秧剂，盖好地膜。育秧过程中要管理好肥料与水的量并盖好地膜，升温两头掀膜，预防秧苗发生绵腐病、立枯病等，提高成秧比例，培育壮苗。

3. 合理密植

合理密植的技术核心是"三增两提"。

（1）增加大田用种量。依据合理密植、增产增收原理，杂交早稻每亩用种 2.5 kg、常规优质早稻每亩用种 5 kg、杂交晚稻每亩用种 1.5 kg、常规优质晚稻每亩用种 3.5 kg 左右。

（2）增加秧田面积。农户在原有的基础上增加秧田面积 10%，以提高壮秧。

（3）增加大田用盘量。水稻抛秧要适当补充大田软盘用量，按照需求在原来的基础上增加 18～26 个秧盘，保证充足秧苗，实行抛秧和插秧。

（4）提高成秧率。实行精准插种与机械插种，缩小空穴和不匀迹象。提升盖土盖膜的质量，增强肥水的管理措施，提升出苗率、成活率和壮秧率，增加有效秧苗供应量。

（5）提高抛插质量。按照水稻高产要求，使用抛秧的要抛足秧盘，分厢抛匀；手工栽插的，采取划行或拉绳来栽插秧苗；插秧机插秧的，需缩小空蔸率，插秧的深与浅要适当。每亩合理密度保证常规稻 2.5 万蔸、杂交早稻 2 万蔸，确保基本苗的数量，以提高水稻产量。

第四节 病虫害防控

目前，苗期发生的病害有立枯病、青枯病，本田常发生的真菌病主要有稻瘟病、纹枯病、稻曲病、恶苗病等，细菌病主要有白叶枯病，线虫病主要有干尖线虫病。非侵染性病害主要有营养不良、过盛或失调引起的矮缩病、赤枯病，有毒气体（包括二氧化硫及硫化氢等）引起的烟害和由冷害、窒息引起的生理性烂秧、贪青晚熟、早衰等。发生而且为害较严重的害虫有二化螟、稻纵卷叶螟、黏虫、稻螟蛉、潜叶蝇、负泥虫等。

水稻病虫害防控，应该贯彻"以防为主，综合防治"的方针。

一是应该选用抗病虫性强的品种，合理布局，用不带病菌和线虫的种子作种。如稻瘟病病原菌对水稻的侵染具有专化性，因此，根据生理小种的不同，合理搭配品种，有利于防止一些病害的发生。为了合理利用抗原，一个地区或生产单位首先应该确定抗原基因型不同的几个主栽品种，每年种一个，例如，第一年种对应 ZG 小种稻瘟病抗原的辽粳294，翌年种对应 ZA 小种稻瘟病抗原的沈农8801，第三年种对应 ZF 小种稻瘟病抗原的辽粳454。

二是采用合理的栽培措施，如采用旱育苗，稀播、稀插，肥水平稳促进，增施磷、钾、硅肥，浅湿干相结合灌溉的方法栽培水稻，既能促使水稻稳健地生长，增强植株的抗病力，又能在一定范围内控制环境条件，减轻病虫为害。

三是认真做好检疫工作，杜绝病菌和害虫随种子或稻草传播。

四是做好预测预报，及时进行药剂防治。

第五节　机收减损及贮藏

一、水稻机收减损

（一）保持合适的留茬高度

留茬高度应根据水稻成熟度的高度和地块的平整情况而定，全喂入联合收割机一般留茬高度以 35~40 cm、半喂入收割留茬高度以 15 cm 为宜，以保证秸秆粉碎质量。机手应定期检查切割粉碎质量和留茬高度，根据情况随时调整。

（二）适时调整拨禾轮、喂入搅龙技术状态

拨禾轮、喂入搅龙是收割机的核心机构部件，直接关系收获效果。建议机手适时对拨禾轮进行检查和调整，如弹齿出现弯曲变形或断缺，则对作业会有一定的影响，应及时修复或者更换。同时为防止出现割台喂入堵塞的情况，机手应在工作前检查搅龙叶片和伸缩齿与割台底板的间隙具体参数，以洋马1180为例，收稻麦时，间隙为8~12 mm，收油菜时为19~21 mm。

（三）调整脱粒、清选装置工作状态

脱粒滚筒的转速、风量大小、振动筛的角度大小也是影响稻谷脱粒、脱净率和减损的关键因素。在保证破碎、损失率不超标的前提下，可提高脱粒滚筒的转速，减小振动筛角度来减少脱粒损失和破碎。由于清选损失和含杂率是相对的，所以机手在收割一段距离后应停机下车检查抛撒情况，如抛撒过大就需要检查调整滚筒转速和振动筛角度大小。同时及时检查清理喂入和脱粒机构有无秸秆堵塞的情况，如出现堵塞应适当减慢收割速度、减少喂入量，提高脱粒滚筒的转速，以减少损失。

二、秸秆处理

（一）秸秆粉碎

机械化粉碎是水稻秸秆最常见的处理方式，通过秸秆粉碎装置将秸秆切碎成为特定长度的秸秆段，秸秆粉碎主要用于秸秆还田处理。水稻秸秆切碎的合格标准为秸秆段长度超过10 cm的占比不超过5%。目前，秸秆的机械化粉碎处理主要有3种方式。一是利用收获机械在收获水稻的同时对秸秆进行割断，并对秸秆进

行粉碎；二是利用秸秆粉碎机械配套拖拉机进行专门的田间粉碎作业；三是利用固定式秸秆粉碎机在场地中进行秸秆的切碎作业。

(二) 秸秆捆扎回收

秸秆捆扎是秸秆回收再利用的关键步骤，主要通过捡拾打捆机进行水稻秸秆的收集和制捆。机械化捡拾和捆扎的技术主要来自牧草捆扎设备，在此基础上，农机厂商结合秸秆特性进行优化改良，逐渐形成现阶段使用的秸秆捡拾打捆机。根据制捆形状的不同，捡拾打捆机主要分为方捆打捆机和圆捆打捆机，方捆打捆机能够将秸秆捆扎压制成为立方体的秸秆捆，圆捆打捆机则将秸秆捆制成为圆柱体秸秆捆。秸秆制捆技术能够利用制捆室将水稻秸秆压制成为密度很大的捆形，有利于秸秆的高效率收集和运输。

三、贮藏

(一) 清选和降低水分

在贮藏水稻时，首先需要清选，将不适宜生长的水稻清理出去，优化种群。在完成水稻清选工作之后，负责水稻贮藏管理工作的技术人员还需要想办法降低水稻的水分。针对需要进入贮藏库的水稻，要先检测水稻中的水分，对于水分含量过高的水稻，要进行翻晒处理，降低水稻中所含有的水分。

(二) 密闭贮藏

在贮藏水稻时，一般需要进行密闭贮藏，这样做的主要目的就是防止水稻遇水发芽。而在密闭贮藏水稻之前，也需要注意检测好水稻中含有的水分。通常情况下，当水稻的含水量在 12%以上时，是不能进行密闭处理的，因为水稻的水分过多，可能会在贮藏时发芽。所以针对水分高的水稻，需要进行翻晒处理；无条件翻晒时，也需要安装除湿机进行吸湿。

（三）低温库贮藏

水稻发芽不仅对水分有要求，对温度也有要求，当水分和温度比较适宜时，水稻就会出芽。因此，在进行水稻贮藏时，除了需要降低水分外，还需要注意贮藏的温度。水分含量适宜的水稻，大多需要进行低温贮藏，但是贮藏的温度又不能过低，否则可能会影响水稻的活性。一般贮藏水稻的温度在15℃以下，水分含量在12%较为适宜，其对于水稻的活力恢复影响也比较小。

第六节 耕地保护技术

一、耕地保护技术的内容

（一）施用有机肥

增加有机肥的施用、稻草秸秆粉碎还田，可提高田间大量残剩秸秆和畜禽粪便的利用率，减少春、秋季节秸秆焚烧污染环境的机会，达到增加土壤有机质、改良土壤结构、培肥地力、增加产量，从而实现保护生态环境和农业可持续发展的目标。

（二）农机、农艺相结合

大力推进农机和农艺技术措施的有效结合，选择性进行稻田深翻、旋地、耙地和打浆，适当加深稻田耕作层，提升水田耕地的保肥、保水能力。

（三）测土配方全覆盖

实现测土配方施肥全覆盖，推广应用新型肥料和施用技术，减少化学肥料的使用量，科学合理地进行有效施肥。

二、技术要点

（一）建设周期内任务

以 3 年为 1 个建设周期，在建设周期内完成轮施有机肥 1~2 次，秸秆粉碎直接翻压还田 1 次，秸秆粉碎旋地打浆还田 2 次。通过各种技术措施，完成减少化肥施用量 10%以上的目标。

（二）操作要点

1. 水稻秸秆粉碎翻压还田

对于水稻田耕作层比较薄的地块，在机械收获水稻的同时，进行水稻秸秆粉碎，粉碎长度不超过 10 cm。为了调节碳氮比例，调控秸秆腐熟速度，可使用抛撒机在粉碎稻秆上均匀抛撒 6 kg/亩左右的尿素，再利用 125 kW 以上的拖拉机牵引五铧翻转犁进行深翻整地，将粉碎后稻秆翻压还田，翻压至耕层 20~25 cm。

2. 稻秆粉碎旋地打浆还田

在作物收获时，可边收获边粉碎稻秆，然后用 36.8 kW 以上的拖拉机牵引稻秆粉碎还田机，对水稻秸秆再次进行粉碎，长度不超过 10 cm，然后在粉碎的秸秆上均匀抛撒 6 kg/亩左右的尿素，再用 36.8 kW 以上拖拉机牵动旋地机进行旋地，通过旋地犁将秸秆旋入 20 cm 以内的耕层，在翌年春季进行打浆整地。

3. 腐熟的有机肥施用技术

结合整地施用有机肥，施用至少 1.25 m³/亩以上，调节土壤结构，培肥地力。

4. 化肥减量施用技术

测土配方施肥全覆盖，应用水稻肥料新产品、采用施药新技术、新机械,通过合理施用配方肥、缓释肥、水稻机插侧深施肥、叶面肥、生物肥等,实现减少化肥施用量10%以上的目的。

第七节 水稻防灾减灾技术

一、春季低温

春季低温阴雨天气,尤其是倒春寒,对于早稻播种育秧有很大的影响,会造成早稻秧苗烂秧,直播早稻田死苗等情况。

应对措施:

一是移栽早稻育秧的时候要覆盖小拱棚膜保温,防止秧苗冷害。有条件的地方可以考虑大棚育秧或者玻璃温室育秧,提高抗寒能力。直播早稻可以适当推迟播种,等灾害性天气过去以后抢晴播种。

二是育秧田可短时灌深水护苗。若伴有较长时间降雨,要及时清理沟渠,防止田间积水过多。

三是已移栽大田,低温影响较小的及时追施薄肥,促进快速恢复生长;影响严重的,要抓紧补播或调运救济秧苗或改直播早稻,错过早稻播种适期无法补救的,及时改种其他作物。

二、梅涝

梅涝会影响田块翻耕作业,延误单季晚稻播种和移栽时机,同时也会影响早稻生产,不利于水稻稳产高产。

应对措施:

一是排出积水。抓紧疏通农田沟渠,防止水稻受淹。若梅涝期强降雨导致水稻田受淹后,要及时组织力量,开启排水设施,降低外围水位,及时排出田间积水,减轻涝渍危害。但要适当保留浅水层,防止雨后遇到高温出现高强度的叶面蒸发,导致植株生理失水而枯死。

二是清水洗苗。受淹严重的水稻田退水后，要抓紧时间清洗叶片，最好使用喷雾器，喷清水洗去沾在叶片上的泥沙，以恢复叶片正常的光合机能，促进植株生长。

三、台风

台风不仅会造成水稻倒伏，同时大范围强降雨会造成水稻田受淹，严重影响水稻产量。

应对措施：

一是清沟排水。对受淹的田块抓紧清沟排水，灾后如遇晴热天气，避免一次性排尽田水，而要保留田间 3 cm 左右水层，防止高强度的叶面蒸发导致植株生理失水而枯死。

二是扶正植株。对倒伏且离成熟期尚有较长时间的水稻田块，排出田水后应及时组织劳力扶正稻秆，可采用数株水稻合拢轻扎竖直的方法，使其完成灌浆结实。

四、高温干旱

持续高温天气会使水稻正常幼穗分化和受精结实受到影响，导致花粉败育、受精受阻，造成空秕率增加、结实率下降、千粒重降低，从而影响水稻产量。干旱缺水会影响部分连作晚稻移栽，以及单季晚稻正常生长，减少产量。

应对措施：

一是统一调配水资源。加强水资源管理，实行统一调配，建立流域用水制度，杜绝"抢水""占水"等事件的发生。及时做好沟渠维修、清淤工作，减少漏水损失。

二是科学用水。根据不同生育时期，把现有的水源用在"刀刃"上。对未进入孕穗期的单季稻和早插已成活的连作晚稻，防止盲目漫灌，提倡湿润灌溉，节约用水，以保证返青期的连作晚稻和等水插秧田的用水。

第四章 油 菜

第一节 播前准备

一、地块选择

油菜根系发达，主根入土深，分布广，要求土层深厚、疏松、肥沃。选择地势平坦、土壤肥力中等、土地表层松碎、田间无石块、利于精量播种机作业、前茬作物为小麦的地块。

二、品种选择

选择甘蓝型高产、优质品种。主要有杂交油菜 303、305、华协 1 号、甘油 7 号、秦杂油 3 号等。种子人工筛选 2 遍，清选出病粒、小粒、瘪粒、草籽等。播前 2~3 d，用 3% 呋喃丹种衣剂（油菜专用型）拌种，用量为种子重量的 3%，可有效防治苗期病虫害。

第二节 播种技术

一、播种

油菜播期较长，土壤温度稳定在 5℃ 即可早播，播前整地达"齐、平、净、碎、松、墒"标准。只要机车能下地作业即可播种。播期为 4 月中旬至下旬，尤其是高产油菜栽培宜早不宜晚。早播油菜营养生长时间长、病虫害轻，容易高产；晚播油菜，由于日照不断加，温度较高，生殖生长进程加快。病虫害较重、产量较低。严格控制播深，以 2~3 cm 为宜，播行端直，下籽均匀，覆土良好，镇压确实，接行准确，畦平埂直，到头到边，无重播漏播。禁止深播，播后及时镇压。

二、育苗技术

育苗技术要点如下。

（一）留足苗床

这是培育壮苗的基本条件。目前大田栽插密度一般为每公顷 10 万~15 万株，剔除一些生长不正常的秧苗，再考虑移栽时的损失，生产上苗床与大田的比例一般为 1：（5~7）。移栽早、苗龄小时，苗床面积可适当小些，反之苗床面积应大些。

（二）适期播种

油菜迟播不利形成壮苗，适期早播才能高产。但早播应兼顾壮苗早发和安全越冬两个方面，以冬前不现蕾抽薹为原则。同时还应考虑品种特性、气候条件、种植制度、病虫害发生等因素。冬油菜一般以旬平均气温 20℃ 左右播种为宜。冬性强的品种及降温快、前作让茬早、病虫害发生较轻的地区可适当早播，否则应推迟播种。

（三）稀播、匀播、间苗、定苗

在留足苗床的基础上，要稀播、匀播。千粒重为 3.5 g 的种子，播种后田间出苗率按 70%~80% 计算，0.5 kg 种子可出苗 10 万~11 万株。考虑间苗等因素，每公顷播量只需 7~8 kg；即使千粒重为 4 g 的种子，每公顷播量最多只要 8~10 kg。用种量过多，出苗数多，间苗费工。播种时应分地段精量称种、分次播种，力争做到播种均匀一致。在稀播匀播的基础上，出苗时要及时去除小苗，做到苗不挤苗；1 叶期再间苗一次，做到叶不搭叶；3 叶期按苗距 7～10 cm 定苗。间苗时要去小留大，去弱留强，去病留健。双低油菜、杂交油菜在苗床中还应注意去杂，将苗床中生长过大、过小的油菜苗及叶片形状、颜色、叶片上茸毛分布等不同的油菜苗去除，以保证品种的纯合一致。

第三节　田间管理

一、苗期栽培技术

苗期是指油菜移栽至现蕾的一段时期。油菜一般在 3℃ 以下停止生长进入越冬期，从移栽至气温下降至 3℃ 这一段时间为冬前有效生长期。油菜要获得高产，必须充分利用冬前的有效生长期，以促进油菜苗生长，提高油菜苗的抗寒能力。这一时期主要栽培措施如下。

（一）确定适宜的栽插密度

育苗移栽油菜的适宜密度与施肥水平、播种期的早迟、品种、病虫害发生、气候等有密切的关系。一般在肥水条件好、播种期早、个体生长旺盛、株型松散、分枝部位低、晚熟品种、菌核病发生重、气温高、湿度大、雨水多的情况下应适当稀植，反之宜密植。

（二）适期早栽

移栽期早迟与菜苗冬前的长势有密切的关系。油菜每长出一片叶大约需要 60℃ 积温，早茬油菜移栽后一般需要 5～7 d（晚茬油菜 10～15 d）才能长根恢复生机。因此冬发苗类至少在越冬前 60 d 移栽；而冬壮苗类一般要在越冬前 40~50 d 移栽，否则会因冬前有效生长期短而成为产量很低的冬养苗。

（三）促进早活棵

油菜移栽后根系损伤很大，要经过一个萎蔫阶段才能活棵返青进行正常生长，如能使油菜苗及早活棵转青恢复生长，即可增加冬前有效生长期。另外，移栽后菜苗一般死叶 2 片左右，严重时 3~4 片。如要移栽后菜苗死叶少、发根快、新叶出生早，首先要壮苗移栽，壮苗生长健壮，叶片不易失水，发根较快，恢复生机早。其次要精细整地，做到无大堡，不漏风。再次是提高移栽质量，尽量减少机械损伤，在干旱的条件下，起苗前一天秧田要浇足水，取苗时多带护根土，移栽时苗要栽得正，根系要直。最后要及时浇定根水，促进油菜根系与土壤密接。另外，移栽时要做到边起苗、边移栽、边浇定根水，不栽隔夜苗。晚茬油菜抢冷尾暖头移栽。在秋冬多雨、田低地湿不便整地而季节已迟的特殊情况下，可采取板田栽植。栽后加强沟系配套、松土、追肥等管理。

（四）增施肥料促进早发

油菜秧苗移栽活棵后，要促进其早发，使油菜苗先旺起来，然后再采取措施形成壮苗越冬。只有早发才能充分利用活棵后的较高温度条件多出新叶。新出的叶片，除了弥补植伤黄落的叶片外，还可增加越冬苗的绿叶数，使越冬苗体更大。若要油菜移栽后早发，除了使菜苗早活棵外，主要措施是施足基肥、早施苗肥，做到先旺后壮。

油菜每生产 100 kg 籽粒需吸收氮素 5~6 kg、磷素 3~4 kg、钾素 9~10 kg。苗期是一生中吸收大量元素较多的时期。经测定，移栽至越冬前油菜植株体内吸收的氮素占一生吸收总量的

40%～45%，磷和钾均占 20%～30%。进入越冬期后，由于气温下降，油菜生命活动显著降低，肥料吸收速率也明显下降。因此肥料必须早施，才能充分利用移栽活棵后较高的温度条件多出新叶，积累更多的光合产物。早施肥料的技术包括施足基肥，施用随根肥（刀口肥）和苗期追肥。每公顷产量在 2 250～3 000 kg一般需施用纯氮 225～270 kg，五氧化二磷和氧化钾各 100～120 kg，硼砂 7～10 kg。基肥中应注意施用有机肥如饼肥、堆肥、圈肥等以及磷、钾、硼等肥料，并配合少量的速效性氮肥。氮肥用量一般占总施氮量的 45%～50%，磷肥、硼肥一般全作基肥，钾肥由于在土壤中移动性快，易流失，一般 50%作基肥。基肥应全层施用，避免肥料与油菜根系直接接触，特别是一些过酸、过碱或有腐蚀性的肥料，以免损伤油菜的根系，影响其正常生长。苗期追肥一般占总施氮量的 15%～20%，追肥时间要早，在油菜活棵后不久即可使用，可促进油菜尽早旺盛生长。如施用过迟，油菜在越冬前猛发，叶片生长幼嫩，抗寒能力大大下降，不利于油菜的安全越冬。

二、蕾薹期栽培技术

油菜蕾薹期是根系、茎秆、分枝快速生长时期，在这一阶段形成强根、壮秆、多枝是高产栽培的主攻目标。要达到这一目标，必须确保春发稳长。春稳的油菜苗叶片数较多，叶面积适宜，光合活性强，形成的光合产物多，因而植株体内积累的干物质多，这是促进根系快速扩展、茎秆健壮充实、分枝良好生长的物质基础。如生长过旺，群体过分繁茂，叶面积过大，甚至出现猛发疯长的情况，将会严重抑制根系的扩展，促使茎秆基部节间过分伸长，使群体中无效分枝生长过多，最终导致群体内部通风透光条件恶化，群体结构极不合理，蕾、花、角大量脱落，抗病、抗倒伏能力大大下降。但如苗期生长量不足，春季生长又较差，在田间密度较小的情况下会因群体茎枝数少、角果数不足而严重影响产量。因此春发稳长必须以苗期良好生长为前提。

（一）平头高度及其应用

油菜抽薹后，薹高与植株上部短柄叶的相对位置有 3 种情况。在抽薹初期，薹的高度明显低于上部短柄叶，呈"缩头状"；以后随着薹高的增加，与上部短柄叶平齐，呈"平头状"，处于"平头"时植株的高度称"平头高度"；而当薹的高度超出上部短柄叶时则呈"冒尖状"。

平头高度的高低与植株的生长状况密切相关。弱苗、小苗由于生长量小，上部短柄叶小，一般薹高 10~20 cm 就冒尖，所以平头高度小，表明氮肥不足，苗体长势弱，要增施肥料促进其生长；春旺苗叶片肥大，冒尖迟，平头高度高，薹高要达 40~50 cm 才冒尖，表明前期氮素施用过多，植株生长过旺，要适当控制其生长；春后壮苗，植株生长稳健，叶长适中，平头高度一般在 30~40 cm。因此平头高度可作为诊断油菜春后生长是否健壮的一种形态指标。

（二）蕾薹期主要栽培措施

（1）追施返青肥。油菜进入返青期，气温逐渐升高，生长速度加快，冬前施肥较少的田块，这时土壤中速效性养分含量迅速下降，特别是氮素，急需补充返青肥才能满足油菜快速生长的需要。施用返青肥主要是弥补冬肥的不足，在长势差、绿叶数少的田块施用，起到接力肥的作用。但因气温尚未稳定，施用量不宜过多，否则在遇倒春寒的情况下冻害严重。而对长势较强、发根好、绿叶数多而生长不平衡的田块，要促进小苗、弱苗的生长，达到全田生长均衡。对前期施肥较多、返青期长势强劲且整齐一致的田块一般不需要施用返青肥。

（2）追施抽薹肥。抽薹肥是在油菜薹高 10 cm 前后施用的肥料，抽薹肥主要有三方面的作用。一是满足油菜蕾薹期对肥料的需求。蕾薹期植株的吸肥量迅速增加，需要大量的无机营养。二是促进营养器官的生长。蕾薹期是根系、花薹、分枝、叶片生长最快的时期，施肥可以促进其生长，为丰产打下基础。三是增加一次有效分枝数和角果数。抽薹肥能明显促进一次分枝的生长，从而显著增加角果数，解决在一般栽培水平下角数不足的主要矛盾，还能兼顾每角粒数的增加和粒重的提高。

抽薹肥一般占总施氮量的 25%～30%，施用时间要根据菜苗长势和地力来定。冬养苗和冬壮苗基础较差，抽薹期苗体较小，抽薹肥一般要适当早施，当油菜始薹时即可施用。秋发大苗，田间密度小，冬前基础肥力好，开春后如长势不减，叶片大，薹肥早施，会造成基部节间过分伸长，无效生长过多、群体过大，影响后期结角层的光合效率和产量的形成，可在薹高 20～30 cm 时施用。另外，油菜抽薹期也是吸收钾肥的高峰时期，可将 50%的钾肥在抽薹期施用。对于白菜型油菜和甘蓝型油菜的早熟品种，因生育期短，开花期早，薹肥应比晚熟品种早施。

（3）中耕松土。春季中耕松土可以提高土壤温度，增加土壤通气性，加速土壤养分的释放，去除田间杂草，有利于油菜春季稳长。油菜春发过猛时，通过深中耕可切断部分根系而抑制油菜徒长。中耕结合培土，对于加速田间排水、防止倒伏也有一定的作用。

三、花角期栽培技术

油菜进入花角期是直接形成产量的关键时期，这时也是生理上的一个重大转折时期，油菜的生长由以营养生长为主转入以生殖生长为主，光合器官也由以叶片为主转入以角果皮为主。在这一时期的主攻目标是减少阴角、脱落和空瘪率，提高结角率、结籽率和粒重。其中心环节是保持花角期有较大的光合势，尽可能地延长花角期，以便形成较多的光合产物供给角果、籽粒的发育。其主要栽培措施如下。

(一) 施好花肥

油菜的花肥是在始花前施用的肥料。油菜始花以后经过 50 多天的生长发育才能成熟，这一时期仍需要吸收大量的营养元素，特别是氮素。经测定，油菜花角期吸氮量约占一生总吸氮量的 30%。施用花肥对增加群体中二次分枝数、单株角果数及提高角果的光合强度、增加每角粒数、提高千粒重都有一定作用。但由于花肥距离油菜成熟的时间较短，施用不当会造成油菜贪青迟熟、降低籽粒品质，因此花肥的施用要慎重，应根据苗情和地力等因素决定是否施用及施用量的多少。

对于春发不足的油菜，前期肥料少，群体较小，开花时长势差，可轻施一些花肥，每公顷施用尿素 30~40 kg，对这类苗不宜施用过多，否则会造成二次开花，最终粒重、含油率和品质都会下降。秋发冬壮油菜，薹壮枝粗，角果数多，开花后需要吸收大量的氮素。如开花前生长稳健，估计前期肥料已经用尽，可增施一次花肥，每公顷施用尿素 75~100 kg，在开花前或始花期施用。如春发旺长，薹肥施用量又较大，在开花前长势未减，一般不需施用花肥。

(二) 保持适宜的土壤含水量

油菜蕾薹期因植株生长量大，需要大量的水分。开花期是需水量最多的时期，要求土壤有较高的含水量，一般田间持水量在70% 以上才能满足开花期的需要，低于 60% 时就影响产量的形成。在角果发育阶段对水分的要求有所下降，田间持水量只要60% 左右即可。生产上应尽量满足水分供应。如果雨水较多，土壤含水量较高，往往影响油菜根系的扩展，使根系吸收能力下降，甚至出现早衰现象。田间湿度过大，也有利于病害的发生。因此在冬前开沟的基础上，春后应及时清沟理墒，降低田间湿度。

（三）预防倒伏

油菜的倒伏有两种，一是根倒，根部发生倒伏，一般在大风大雨的情况下，土壤湿软而发生；二是茎倒，茎秆折断而倒伏，一般在密度大、播种过迟或发生严重的病害时发生。生产上可根据倒伏发生的原因，通过合理密植与施肥、适当培土等措施进行预防。

第四节　病虫害防控

一、物理防治

在实施物理防治时，可以利用防虫网等工具，将害虫与油菜进行隔离。在油菜种植区域通风口位置放置一定数量的防虫网，预防蚜虫进入油菜生长区域。在培育油菜幼苗时，在幼苗上方覆盖1层反光薄膜，使其无法接近油菜生长区域。

二、生物防治

利用生物食物链，使用害虫天敌控制各类害虫。可以利用害虫繁殖特点，在害虫产卵过程中杀灭害虫及虫卵，从而在根源上减少害虫问题。这类害虫防治方式对环境影响相对较小，发展潜力巨大。

三、化学防治

化学防治方式是常见的油菜病虫害防治方式。利用化学药剂时，相关工作人员要具备良好的专业能力和专业知识，做到对症下药，根据病虫害种类来选择对应的化学药物。在油菜生长初期发生的病虫害多为菜青虫啃食。防治菜青虫时，可以利用敌百虫结晶，将其进行稀释后喷洒在油菜种植田内。

四、农业防治

使用农业防治措施时，要在选种期间选择合适的种植地环境和油菜优质品种，并做好种植前的准备工作。有效清理杂物，包括油菜病叶及老叶等，保证油菜各株之间的通光率，避免病害传播。此外，还要及时深耕土壤，翻土灭虫卵，以阻断害虫蔓延途径。在油菜种植前期，需要做好选种及种子处理工作，可以使用10%盐水对种子进行消毒，同时剔除染病、残破的种子，之后进行晒种。在油菜种植时，需要避免将油菜与十字花科植物连作种植，避免田间病菌病毒及菜青虫大量积累。同时，需要加强养护工作，定时摘除病叶及清理田间，关注植株生长情况，保证田间通风质量，降低各类病虫害发病率。

第五节　机收减损及贮藏

一、机收减损

（一）手工收获

一般在油菜终花后25~30 d、植株上有2/3的角果呈黄色时收获最适宜。这时主轴基部角果开始转为黄白色，籽粒呈固有色泽，而分枝上还有 1/3 角果呈绿色。手工收获有割收和拔收两种。一般拔收有利于提高籽粒的千粒重和含油率，但脱粒时应将泥土清除，不能混入籽粒，以免降低籽粒的商品品质。收获后要晾晒 3~5 d 再进行脱粒。

(二) 机械收获

油菜的机械收获一般有联合收获和分段收获两种方式。

（1）联合收获。割倒、脱粒一次进行。联合收获的时期一般在种子含水量为 15%~20% 进行，比人工收获时间迟 5~7 d。收获过早，植株含水量高，有部分未成熟的角果难以脱粒，并且茎枝和果壳中夹带的损失也多；含水量低，收割时容易炸角，损失也较重。

（2）分段收获。先将植株割倒，在田间晾晒几天后再捡拾脱粒。分段收获时，割晒的时间与人工收获的时间相近，籽粒含水量 35%~40%。捡拾在籽粒含水量为 12%~15% 时进行为好。

(三) 机收减损的策略

一是在油菜籽适收时节进行收割作业。把握好收割时机对于油菜机械化收割作业质量很关键，油菜成熟度高时收获角果易炸裂，割台损失增大；而成熟度不够时收获则易脱粒不干净，同时会使油菜籽粒品质不好，产量品质均降低。因此，油菜收割时机应选择在黄熟期至完熟期之间，成熟度以 85%~95% 为宜，以成熟度 90% 为最佳；选择在晴天一天内最佳时节开展机收作业，既要避开中午日光暴晒，又要避开过早与过晚露水重、含水量高等时间段。二是调整好作业机具。要关注割台的调整，将主割刀位置调至机具最前端；要关注拨禾轮的位置和转数设置，减轻对油菜角果的撞击；要关注脱粒滚筒的转速调整，确保既能脱净又不增加破碎损失；要注意清选风量调整与清选筛的选择等，保证既能清选干净又不至于将籽粒随秸秆吹出。三是把好收获操作技术。机手既要细心更要有耐心，不能只图收割效率不管收获质量，要选择合适的收割速度，科学确定机器喂入量，要对收割机具勤检查、勤调整，始终保持机具处于最佳状态。

二、秸秆处理

（一）油菜秸秆直接还田

油菜秸秆直接还田并不是传统的直接将其放置于田中。这种传统方法不仅影响农作物的种植，还会对农作物的正常生长造成影响。可以先将油菜秸秆发酵，然后施在田中，或者将油菜秸秆打成粉状直接埋在田里发酵，最终可以使秸秆和秸秆粉发酵后成为改良农田的肥料，提高农田土质。

（二）利用油菜秸秆制造沼气

将油菜秸秆制成沼气这种做法也比较常见。油菜秸秆在制作沼气之后产生的沼液和沼肥可以用作农田肥料和喂养鱼类。目前，利用油菜秸秆制造的沼气可以确保油菜秸秆的利用效率达到最大化，并且沼气设备比较便宜，安全性能比较高，但是在利用油菜秸秆制作沼气的过程中还有一些问题，即输气管道中的焦油容易导致管道堵塞，需要定期清理。

三、贮藏

刚脱粒的籽粒含水量一般较高，不宜立即装袋堆放，要晒干后再贮藏。贮藏时籽粒的含水量不能超过10%，长期贮藏的含水量必须在8%以下。如脱粒后遇阴雨天气，必须放置室内风干，并经常翻动，防止发热变霉。

第六节　双低油菜

双低油菜是指油菜籽中芥酸含量低，同时菜籽饼中硫苷含量也低的油菜品种。

一、培育壮苗

（一）选好苗床

选择土质疏松肥沃、排灌方便、地势平坦，且2年以上未种过油菜的旱土或菜园土作苗床，苗床面积与大田面积以1∶（5～6）比例为最好。

（二）施足底肥

将腐熟猪牛粪1 250 kg/亩、碳铵20 kg/亩、钙镁磷肥25 kg/亩、氯化钾6 kg/亩混合拌匀且堆沤10 d，播种前施入作为底肥。

（三）适时播种

冬油菜播种期从8月下旬到10月中下旬，播期由高纬度向低纬度、由高海拔向低海拔地区逐渐推迟。生育期也由低纬度向高纬度地区、由低海拔向高海拔地区逐渐延长。低纬度地区掌握在10月中下旬播种，11月中旬至12月上旬移栽；中纬度地区及高海拔在8月下旬播种；中低海拔及高纬度地区在9月上中旬播种。

（四）及时定苗

3叶期定苗。定苗后，苗床喷施0.06%多效唑溶液，有利于培育油菜壮苗。

二、隔离防杂

在生产中注重隔离防杂，能够保持优质油菜品种的优良特性。选种的油菜要与普通油菜隔离，及时清除隔生油菜，防止在生产中发生混杂；在油菜籽的采收和运输过程中防止与其他油菜混杂。在种植中，为保质稳产应积极推行"一乡一品"或"一村一品"种植模式，利用自然环境做到隔离保优，部分地区可种植非十字花科作物隔离保优。

三、合理密植

（一）育苗移栽

采用育苗移栽方式进行栽培的适宜栽植密度为 6 000~8 000 穴/亩，每穴种 2 株，基本苗 1.2 万~1.4 万株/亩。由于农村劳动力缺乏，我国近两三年大力推广油蔬两用优质油菜稀植高产栽培技术，亩定植油菜基本苗 1 500~2 000 株，采取减株不减肥的栽培措施，油菜植株长到 30~35 cm 高度时采摘一季菜薹，促使侧枝抽发，这样可实现一种双收、节本增效，减株但不减收。

（二）采用直播方式

播种规格与育苗移栽相同。每穴播种 4~6 粒，出苗后及时间苗，每穴留 3~4 株，3~4 叶期定苗，每穴留 2~3 株，可以保证基本苗有 1.2 万~1.5 万株/亩。

（三）板田免耕直播

按每 2 m 幅宽为一假畦，开 1 条畦沟，用种量 0.2~0.25 kg/亩，做到按畦定量，均匀播种，在播前灌 1 次跑马水，使土壤湿润，促进种子发芽和均匀出苗，基本苗 1.2 万~1.5 万株/亩。

四、科学用肥

（一）大田施肥

基肥施用量占大田用肥量的 50% 左右，每亩施 45% 的氮磷钾复合肥 40~50 kg、土杂粪肥 1 500 kg；栽后 7~10 d 及时施提苗肥，每亩施碳铵 8 kg，促苗早发；在油菜始薹期每亩施用尿素 15 kg 或碳铵 30 kg，促薹稳长、快长，防止后期脱肥早衰。

（二）巧施硼肥

油菜是需硼作物，尤其是高产、优质甘蓝型双低杂交油菜对硼缺乏特别敏感，苗期缺硼发根慢，叶片暗绿、皱缩，生长受阻；蕾薹期缺硼，根茎膨大，叶色转紫色至蓝紫色，花蕾发育不正常；花期缺硼，植株矮化、花粉发育不正常，结籽少。实践证明，缺硼地区施用硼肥一般增产油菜籽 15%~30%。通过液体硼肥或速溶硼肥叶面喷施油菜，此方法可降低使用量和生产成本，并且提高肥料利用率，降低难溶性硼肥对下茬作物产生的危害。

第七节　耕地保护技术

一、前茬处理

（一）前茬玉米

在前作玉米苞穗收获后，玉米秸秆站立时，将种子与底肥混拌均匀散播于耕地表面，然后把玉米秸秆用机械或者人工切段成长度 40 cm 以下平铺于地面覆盖种子与底肥，控制玉米桩高度应低于 20 cm，不要留高茬桩。

（二）前作水稻

在前作水稻收割时控制稻桩高度低于 20 cm 以下，不要留高茬桩，选择土壤墒情好、稻田无积水时，将种子与底肥混拌均匀散播于稻田表面，然后把稻草全田铺匀，避免稻草成堆影响出苗。覆盖标准是既不露种，又不露土，即薄盖不露。盖草时，一般将稻草根部朝向墒沟，中间以稻草穗部相互接头，以免接头处过薄或过厚，影响出苗效果。

二、精细播种

（一）种子处理

播种前选晴天中午晒种 1~2 d，每天 1~2 h。通过晒种，可以促进种子内物质的代谢和转化，提高发芽率和发芽势，从而提高种子出苗率。

（二）适时播种

播种期适宜与否与能否长成壮苗密切相关。双低油菜迟播不利于高产，适时播种才能充分发挥增产潜力，夺取高产。在最佳时节播种油菜种子发芽迅速，苗齐苗壮，根系不断向下深扎生长，增粗发根，形成强健的根系，为增枝增角奠定良好的基础。迟播油菜营养生长期短，气温低，幼苗生长缓慢，营养体小，抗寒性差，生长势弱，不利于培育壮苗。适宜播期播种越早，油菜籽产量越高，最佳播种期宜选择在 10 月 1 日至 11 月 5 日。

（三）精量播种

根据耕地肥力、雨水、土壤墒情等情况，播种量控制在 3~

$5.25\ kg/hm^2$。

（四）播种方法

在底肥中选用一定量的颗粒型油菜专用复合肥与种子混拌均匀后及时用人工或微型电动施肥播种器均匀撒播种子，让种子与土壤充分接触，提高油菜出苗率。

三、合理施肥

（一）重施底肥

施农家肥 $7\,500\ kg/hm^2$ 以上，与油菜专用复合肥 $600\ kg/hm^2$（或过磷酸钙 $750\ kg/hm^2$、硫酸钾 $75\sim150\ kg/hm^2$、尿素 $150\ kg/hm^2$）、硼砂 $15\ kg/hm^2$、硫酸锌 $15\ kg/hm^2$ 混合后作底肥一次性施用。

（二）巧施追肥

根据苗情长势情况巧施追肥，出现脱肥时追施尿素 $150\sim225\ kg/hm^2$，水分充足、生长旺盛时严禁追肥，防止后期倒伏。

四、促控技术

积极应用多效唑的促控作用，达到壮根、增叶、缩短茎脚培育壮苗，防止徒长，降低分枝部位，推迟早花，增强抗倒伏和防冻害能力，提高油菜籽产量。3～5叶期选择晴天植株上无露水的12：00前或16：00后，每公顷用15%多效唑可湿性粉剂1 500 g兑水750 kg均匀喷施叶面，注意勿反复过量喷施，幼苗受到过分抑制易造成僵化苗。

第八节　油菜防灾减灾技术

一、干旱

油菜在播种期间持续干旱对油菜前期生长有较大影响。长时间的干旱，造成土壤严重缺水，导致油菜无法吸收土壤水分而不能发芽。已经发芽的油菜，因缺水土壤养分吸收困难，造成营养不良，且生长变得缓慢，甚至发红僵苗。

油菜蕾薹期干旱，造成植株矮小瘦弱，分枝数减少，易引起早花、花蕾数量减少、花期缩短等症状。

应对措施：

一是有灌溉条件的地方，建议傍晚灌水，翌日及时排干水分。采用碎秸秆覆盖油菜行间，起到减少水分蒸发、保墒抗旱作用。

二是喷施抗旱剂，如黄腐酸等。喷施量根据干旱程度决定。

二、冻害

油菜在越冬期和蕾薹期容易遭受低温危害，即冻害。越冬期低温容易发生油菜冻害症状，如叶片发白、萎蔫，甚至出现病斑样。抽薹期冻害表现在叶片边缘烧焦状，茎秆开裂，变空，导致倒伏。

应对措施：

一是低温来临前，及时开排水沟，清除渍水，降低地下水位，减少土壤含水量，以提高地温，增强油菜防冻能力。若土壤处于干旱条件，可在冻前灌水，缩小低温骤降引起的昼夜温差，防止油菜被冻死。同时，也可以采取叶面撒施草木灰或碎秸秆等措施，对油菜起到保温作用。

二是对低温造成损害的油菜，可在晴天时采用碧护喷施油菜植株，喷施浓度为 0.2%，缓解受冻症状。

第五章 花 生

第一节 播前准备

一、花生适宜的土壤条件

(一) 土质疏松通气

土质疏松有利于果针入土和荚果发育, 有利于根系发育和根瘤菌固氮。

(二) 土层深厚

这是花生高产稳产的基本条件。每公顷 6 000~7 500 kg 产量的花生田, 土层厚度至少应为 80~100 cm。

(三) 地力肥沃

花生比较耐瘠, 常被误认为是不耐肥作物。实际上, 花生需肥量不少于一般作物, 而且花生更多地依赖土壤养分, 用同位素示踪研究, 花生吸收的磷有 77%~82% 来自土壤, 吸收的氮有 60%~91% 来自土壤 (不计根瘤菌固氮量)。可以说, 花生的产量水平基本上取决于土壤肥力水平。

二、花生的需肥量及其吸收分配规律

(一) 需肥量

花生的需肥量随产量的增加而提高。每生产 100 kg 荚果，全株吸收的氮（简称需氮量）平均为 5.45 kg、五氧化二磷为 1.04 kg、氧化钾为 2.615 kg，全株吸收氧化钙为 1.5~3.5 kg，一般为 2~2.5 kg。

(二) 氮的吸收分配与根瘤固氮

氮是花生吸收最多的营养元素。花生一生中吸收积累氮的动态符合 "S" 形增长曲线。花生一生中吸收的氮，结荚以前主要积累在茎叶中，饱果期以后氮逐渐向生殖器官转移，到收获时全株 70%~80% 的氮分配在荚果中，叶占 10%、茎占 15% 左右。花生根瘤菌固氮高峰与需氮高峰期吻合。其为花生提供氮素占花生植株总需氮量的比例（根瘤供氮率）受土壤氮素水平和施氮量影响很大。在贫瘠不施氮的土壤上，根瘤供氮率可达 90% 以上；而在肥力中等、施氮量适中的土壤上，根瘤供氮率一般为 40%~60%，且随施氮量的增加而降低。

(三) 磷的吸收和分配

花生一生中吸收的磷，结荚以前主要积累在茎、叶中（叶略高于茎），饱果期以后磷逐渐向生殖器官转移，到收获时全株 70% 左右的磷分配在荚果中（其中又有 90% 以上的磷分布在籽仁中），叶占 5%、茎占 25% 左右。

(四) 钾的吸收与分配

花生植株中含钾量仅次于氮，与氮、磷不同的是，钾在营养器官中含量高于生殖器官，茎高于叶，苗期高于成熟期，荚果中含量很低，籽仁低于果壳。钾的吸收高峰在播种后 45 d 左右（花针期），进入结荚期以后钾不再积累，茎叶中钾积累开始大幅度下降，而再分配至生殖器官。

（五）钙的吸收与分配

花生属于喜钙作物，钙主要积累在营养器官中，生殖器官含钙虽少，但钙对荚果和种子发育却有极重要作用。荚果缺钙时，果小仁秕，种子发育受阻，形成果壳肥厚、种子败育或秕瘦的"空果"；有时种子虽然外观正常，但胚芽坏死，成为"黑胚芽"，缺钙亦导致果壳组织疏松，容易烂果。一般普通型大花生结果要求的土壤临界钙含量为 250 mg/kg，普通型小花生只需 120 mg/kg，小粒的珍珠豆型则更低。钙与钾、镁具有拮抗作用。另外，土壤中钙过高亦会影响锰、铁、锌等元素的有效性。因此，钙也不宜过高，土壤中代换性钙以 0.14% ～ 0.25% 为宜。

三、花生的需水量及其吸水规律

综合测定结果，每公顷产量为 2 250～2 625 kg 的普通型晚熟大花生全生育期耗水 3 150～3 450 m^3；产量 3 750 kg 以上，耗水约 4 350 m^3 以上。在耗水量低的情况下，耗水量与产量一般呈正相关，耗水量 4 000～5 000 m^3 时，产量更多地受其他因素和综合栽培措施的影响。花生生育期降水量到 400 mm，如能充分利用，可满足 3 750 kg 或更高的产量要求。

花生播种出苗期耗水虽少，但对土壤水分要求高，土壤耕层含水量应达田间持水量的 70% 以上；出苗至开花期是花生最耐旱的时期，适宜土壤含水量应达田间持水量的 50%～60%；开花至结荚期耗水量大增（花生需水临界期早熟种在花针期，大果

中晚熟种在盛花结荚和饱果初期），尤其盛花期，日耗水量可达
5~7 mm，土壤含水量应达田间持水量的70%；结荚至成熟花生
需水又减少，土壤适宜含水量应达田间持水量的50%~60%。总
之，花生需水规律可概括为"两湿两润"规律，"两湿"即播种
至出苗和开花至结荚，"两润"是指出苗至开花和结荚至成熟。

第二节 播种技术

一、培肥地力、轮作换茬

花生能很好利用前作施肥的残效。据研究，在中等肥力地块
上，对花生前作甘薯大量施肥，不仅当年甘薯增产27%，而且
翌年花生不施肥仍比甘薯未施肥而花生大量施肥者增产15%。
因此，前作施肥、培肥地力是花生增产的基本环节。

连作花生病虫害严重，植株矮，落叶早，果少，果小，减产
明显。深耕增肥、防除病虫害、选用耐连作品种等措施，在一定
程度上可减轻连作危害，但仍不能根本解决连作的影响。花生与
棉花、烟草、甘薯等轮作，既有利于花生增产，也有利于其轮作
作物增产，但花生不宜与豆科作物轮作。

二、适期播种

（一）种子处理

播种前要进行精选种子，选色泽新鲜、粒大饱满、无霉变伤
残的籽仁作种用。催芽是保证花生全苗的有效措施，催芽的方法
一种是先用30~40℃温水浸种，吸足水分后，再捞出堆闷催芽；
另一种是将干种子以1∶5的比例与湿沙分层排放，使之吸水萌
发。两种方法催芽均需注意保温（25~30℃）、保湿和适当通风，

待种子萌动露白时即可播种。用多菌灵可湿性粉剂按种子量的0.3%~0.5%拌种，能有效地防治烂种、根腐病、茎腐病等。用种子量0.2%的50%辛硫磷乳剂拌种可防治地下害虫。

（二）适期播种

5 cm 地温稳定在15℃（珍珠豆型小花生12℃）以上，即可播种，而以地温稳定在16~18℃时，出苗快而整齐，一般春播适期为4月中旬至5月上旬。花生播深一般为5~7 cm，土壤墒情好的地块，播深宜为4~5 cm。

第三节　田间管理

一、合理施肥

1. 施足底肥

由于花生生长前期根瘤数量少，固氮能力弱，中后期果针已入土，不宜施肥，因此，花生施足基肥很重要。一般在播种前结合耕翻整地，一次性施足底肥，以满足全生育期对肥料的需求，尤其是磷肥一定要全部基施，施肥以有机肥、化肥为主配合施入适量中微量元素肥料。

2. 追肥

花生在施足底肥的基础上，一般不需要追肥，特别是覆膜的花生不便于追肥。露地花生或地力差、底肥不足的地块，可视苗情在苗期下针之前结合中耕培土追肥，追平衡型复合肥（10~15 kg）即可。花生结荚期、成熟期采用叶面追肥，叶面喷施平衡型或高氮高钾水溶肥溶液（100 g/次），防止早衰，促进荚果成实饱满，提高产量。

二、清棵

清棵是指花生基本齐苗进行第一次中耕时，将幼苗周围的表土扒开，使子叶直接见光的一种田间操作方法。清棵的主要作用：一是可以蹲苗，使第一对侧枝一发出就直接见光，基部节间短而粗壮，侧枝基部的二次枝早生快发，开花早且多，结果早、多、整齐，饱果率高；二是可促根生长，使主根深扎、侧根发生多，有利于提高抗旱能力。另外，也可清除根际杂草、减轻苗期病虫害。清棵深度以子叶出土为度，不宜过深；清棵时不能碰掉子叶；清棵后不能接着中耕，待 15~20 d 第一对侧枝充分发育后，再进行第二次中耕。

三、中耕除草

花生中耕一般 3~4 次，第一次在齐苗后结合清棵进行；第二次在团棵时进行；最后一次应在下针、封垄前不久进行。化学除草在花生上已普遍应用，效果极好。用于花生的主要为芽前除草剂，如乙草胺、异丙甲草胺、拉索等。

四、培土

在大批果针入土之际培土，可以缩短果针入土距离，即所谓"迎针下扎"，并可为果针入土和荚果发育创造疏松的结果层土壤。培土后在行间形成垄沟，又便于灌排，所以正确进行培土，可以早结果、多结果，使结果整齐、集中，增加果重。正确培土的要点是：培土的适宜时间应在盛花期，基部个别果针入土、大量果针即将入土之际；培土时掌握培土不壅土的原则，做到"穿空不伤针，培土不扰蔓"，培土后形成凹顶或"M"形的垄部，不加深已入土果针的深度，使中下部果针基本同时入土，上部外围果针反而不易入土，荚果发育整齐，切忌培成尖顶。

五、合理灌溉

花生在足墒播种的情况下，整个苗期都能维持适宜水分而不必浇水。花生苗期耗水少，抗旱性较强，土壤相对含水量低于40%~50%时才需浇水。花针期至结荚干旱不仅阻碍营养生长，而且使花、针、果数减少，限制果的膨大和对钙的吸收，土壤相对含水量低于60%应及时浇水。饱果成熟期干旱影响荚果充实，对晚熟品种影响更大，当土壤相对含水量低于50%时需浇水，但此期水分过多会增加烂果和发芽。花生灌溉应避免大水漫灌，尽量保持土壤通气良好。

六、生长调节剂应用

在花生上使用的植物生长调节剂种类繁多，但主要是植物生长延缓剂多效唑或以其为主要成分复配型生长调节剂。施用目的是抑制茎、叶生长，控制旺长，防止倒伏。

第四节 病虫害防控

一、农业防治

可选用抗病性较强的优质品种，施行轮作倒茬（花生可与小麦、玉米、甘薯等农作物进行轮作），或利用捕鼠夹、笼压板等捕杀害鼠。

二、物理防治

可选择悬挂黄色纸板、黑光灯、频振式诱虫灯等物理装置诱杀害虫；宜用无色地膜、有色膜、防虫网等驱避、阻隔害虫；宜用糖醋液、性诱剂、杨树枝、蓖麻等诱杀害虫。

三、化学防治

在花生栽培的过程中，常见的病害有根腐病、茎腐病、叶斑病。花生播种前期：每亩可用2.5%适乐时15 mL兑水200 mL进行药剂拌种。花生出苗期：使用32%克菌20 mL兑水叶面喷施，用量为30 kg/亩，防止花生死亡。花生初花期：使用50%多菌灵或70%甲基硫菌灵75 mL兑水进行喷雾，用量为30 kg/亩，防治花生叶斑病。

花生栽培的过程中，常见的虫害有蛴螬和蚜虫。蛴螬属于地下害虫类，对花生种植为害极大，可用50%辛硫磷乳油0.25~0.3 kg/亩10倍液进行除虫；对于蚜虫，则可选用60%吡虫啉20 mL/亩进行处理。

第五节　机收减损及贮藏

一、适期收获

花生收获适期应根据如下情况综合权衡：一是根据植株长相。植株中下部叶片脱落，上部1/3叶片叶色变黄，叶片作用消失，产量基本不再增长，这是花生收获期的极限。但在肥水条件好、病害轻的地块，花生叶片能长期保持绿色，植株衰老不明显，则应主要根据荚果发育情况确定收获期。二是根据花生植株上荚果总体发育情况。一般来说，珍珠型花生饱果率大于75%为适宜收获期，中间型中熟花生饱果率大于65%为适宜收获期，普通型花生饱果率大于45%即为适宜收获期。三是根据气温变化或花生后作播种要求。气温下降到15℃以下，花生物质生产已基本停止，应及时收获。在多熟制中，花生收获期必需照顾后作播种的要求，麦套和夏直播花生在不影响小麦播种的情况下，应适当推迟收获。

二、秸秆处理

作为肥料。将花生秸秆晒干后，作为有机肥料，施于土壤中。它可以增加土壤肥力、保持土壤湿度、改善土壤结构、促进作物的生长发育等。

作为饲料。将花生秸秆切碎后，可以作为家畜的饲料，含有丰富的纤维质和矿物质，对家畜的生长十分有益。

放入花生地里。花生秸秆可以直接放入花生地里，与土壤混合。这样可以增加花生地有机质的含量，提高土壤肥力。在旋耕或犁地后，把切碎的花生秸秆撒在地里，可以有效地保持土壤湿度和改善土壤结构。

三、收获后催干

新收获的花生荚果含水 45%～65%，呼吸强度大、易发热，极易受霉菌和细菌侵染，霉烂变质，种子劣变、活力下降。所以必须使荚果尽快晒干（或人工催干），防止发热、霉变。尽快晒干的关键是通风，国内外许多花生产区都在收刨后，在田间将植株集条铺晒，使荚果朝上或向阳，与土壤脱离。

四、带壳贮藏

荚果的安全贮藏含水量是 10%，一般花生种子在空气相对湿度 75% 时，平衡水分为 8.0%～9.0%。荚果贮藏比花生米贮藏通风好，且能保持花生米的色泽和生活力，因此带壳贮藏更加安全，特别是留种用的花生，一定要带壳贮藏，播前再脱壳。至于越夏贮藏则应在晒干的基础上密闭贮藏。

第六节 地膜覆盖栽培技术

花生地膜覆盖栽培是一种高产、高效的种植方式，比露地花生栽培有很大的优越性，不仅可提早成熟 15~20 d，还可增加产量 50%以上，而且地膜的覆盖可以增墒保水，抗旱避灾。以下介绍花生地膜覆盖栽培技术。

一、花生地膜覆盖增产机理

地膜覆盖栽培，为花生生长创造了比较优越的温、光、气、热条件，发挥了花生增产的潜力。花生地膜覆盖增产机理有以下几点。

1. 提高了耕层土壤温度

幼苗期增温效果最明显。一般 5~10 cm 土层，日平均地温沙土或沙壤土可提高 3~4℃，壤土或黏土可提高 1.5~3℃，晴天效果更明显。

2. 提高了保墒、抗旱、防涝能力

提高了 0~20 cm 土层相对含水量，对保证苗早、全、齐、壮起了重要作用。在雨量大而集中的季节，由于薄膜阻隔，在一定程度上，又起到了防涝的作用，也避免了因雨水冲刷而造成的养分和土壤板结，并且覆盖后使耕层土壤水分保持相对稳定状态。

3. 土壤养分增加

地膜覆盖栽培，地温高，水分稳定，土壤疏松，有利于土壤微生物生命活动。无论是真菌、放线菌还是细菌生理群数量都多于不覆膜的。这不仅增加土壤中养分，还增加土壤孔隙度，增强通透性，容重下降，使土壤疏松，为花生的生长发育奠定了良好的基础。

4. 对生育进程指标有一定程度的突破

据观察，地膜覆盖花生，苗期提早 5 ~ 8 d，花芽分化提早 6 ~ 8 d，开花期提早 8 ~ 11 d，成熟期提早 7 ~ 10 d。

二、花生地膜覆盖栽培技术

1. 选好地块

土壤选择是否得当是覆膜花生栽培能否成功的重要前提。覆膜栽培应选择中等以上肥力的土地，增产潜力大，经济效益高。在土质方面，增产效果壤土大于沙壤土，沙壤土大于黏土，黏土大于沙土。

2. 精细整地，施足底肥

整地质量如何，直接关系覆膜的质量和增温、保温、保墒与播种保苗的效果。因此，必须精细整地。精耕细作，达到土壤细碎无坷垃、石块和根茬，地面平坦。地膜覆盖花生长势强、生育快，本身需要养分多。要根据不同的土壤肥力、肥料种类和产量水平进行合理施肥，才能满足花生生长发育的需要。

3. 薄膜的选择

一般采用无色透明的微膜（厚 0.007 mm，用量每公顷 65 ~ 70 kg）或超微膜（厚 0.004 mm±0.002 mm，用量每公顷 42 ~ 45 kg），后者效果较差，但成本较低。幅宽一般为 85 ~ 90 cm。近年又生产推广了带除草剂的药膜和双色膜。

4. 起垄、喷洒除草剂

覆膜花生的种植方法，多用大垄双行种植。一般垄距 1 m，垄宽 66 cm，垄高 8 ~ 10 cm，要求垄面土壤细碎，中间略有隆起，垄直边齐。覆膜时土壤含水量在 15% 以上。墒情不好的要人工造墒才能保证苗全、苗齐、苗壮。在盖膜前每亩用 48% 拉索 150~200 g，兑水 75 kg，均匀喷洒到畦面上，然后盖膜。

5. 提高盖膜质量，适时播种

覆膜要拉紧、伸平、紧贴地面。膜边和破损的地方用土堵压严密，达到平、紧、严的要求。地膜花生适时播种，能增加前期和后期有效积温，争取更长生育期。覆膜花生的播种期，应比露地栽培提前 10~15 d。

6. 选用优良品种

中等以上肥力，宜选用增产潜力较大的中熟大粒品种，在丘陵地区则选用早熟中粒品种。

7. 合理密植

覆膜春花生大行距 53~60 cm、小行距 40 cm。穴距因品种而异，中熟大粒品种穴距 16~18 cm，每亩为 7 500~8 000 穴，合 15 000~16 000 株；中熟小粒品种穴距为 12~15 cm，每亩为 9 000~16 000 穴，合 18 000~20 000 株。

8. 加强管理，保叶防衰

花生顶土以后，扒去积土，及时清棵。扒去积土应在膜孔四周距苗 3 cm 外封压一圈积土。对先播种后覆膜的花生田，在花生顶土时，应及时开孔，孔口上面压土，把子叶引到地膜以上，以利于第一对侧枝发育。花生出苗后发现缺苗时应及时催芽补种。水分要求达到土壤最大持水量的 60% 左右，并加强病虫害防控。中期发现徒长时，可喷叶酸等加以控制，后期重点保护功能叶片。植株有脱肥现象时，应进行根外追肥，以促进荚果饱满，防止植株早衰。

9. 适时收获

当饱果指数达到 70%~80% 时及时收获，收获过迟不仅降低产量，而且影响品质。直立型花生果休眠期极短，更要适时偏早抢收，避免荚果地下发芽。收获后要注意及时拣净残膜，然后整地，以免造成残膜留入土壤中，使土壤状况恶化。

第七节　耕地保护技术

一、选择土壤

花生的生长需要土壤肥沃、疏松、酸碱度中性或稍偏酸性，最好是在上年种植过充分翻犁的土地上种植。

二、配制肥料

花生对肥料的需求量比较大，需要在种植前进行充分的配制。可以将有机肥和复合肥均匀地撒在花生地上，配合施用生物菌肥。

三、种植方式

花生可以采用季节性间作种植，将其种植在玉米、黄豆等大范围庄稼之间。这种种植方式可以减少耕地的开荒和施肥次数，降低土壤的酸化和透水性，有利于保持耕地的生态平衡。

第八节　花生防灾减灾技术

花生中后期容易遭受台风、强降雨、干旱和低温寡照等气象灾害，须因地制宜做好科学应对。

一、涝害

雨季要及时清理田间沟渠，尽快排水降渍，消除渍涝。要加深地头排水沟，确保自流排水通畅。排水不畅的地块，要采用机械排水，确保消除渍涝。花生要在地面泛白时及时中耕散墒，破除土壤板结层，提高土壤通透性，促进根系恢复生长。露地花生，要结合中耕进行地下追肥，一般追施氮磷钾（15－15－15）复合肥 300~450 kg/hm^2；覆膜花生一般叶面喷施 1%尿素和0.2%磷酸二氢钾混合液 750 kg/hm^2，连喷 2 次，防止脱肥早衰。

二、干旱

花生中后期是影响产量的关键时期，要做好土壤水分管理。雨水较多，墒情较好，但遇旱仍要及时浇水，花生要避免开花下针期干旱，确保适宜的土壤墒情。要重点浇好结荚水和饱果水，促进荚果膨大和饱满，养根保叶防止植株早衰，增加饱果数、提高果重，同时防控黄曲霉毒素污染。

三、寡照

花生处于生长旺期时，寡照、渍涝会加快植株徒长，要及时进行化学控制。可用烯效唑 600~750 g/hm^2（有效成分 30.0~375 g/hm^3）或壮饱安 300~375 g/hm^2，加水 525~600 kg/hm^2 进行叶面喷施。

第六章 甘 薯

第一节 播前准备

甘薯对各种土壤有较强的适应能力，但要获得高产必须具备土层深厚、土质疏松、通气性好、保肥保水力强和富含有机质的良好土壤条件。甘薯对土壤酸碱性要求不甚严格，在 pH 值 4.5~8.5 均能生长，但以 pH 值 5~7 的微酸性到中性土壤最为适宜。甘薯根系和块根多分布在 0~30 cm 土层内，因此，薯地耕翻深度以 25~30 cm 为宜。

垄作广泛应用于甘薯栽培。常用的垄作方法及规格一般有以下 3 种。①大垄栽单行。垄距带沟 1 m 左右，垄高 33~40 cm，每垄插苗 1 行，多在雨水多或易涝地应用。②大垄栽双行。垄距带沟 1~1.2m，每垄错窝双行插苗，适用于栽插密度较大、产量较高的薯田。③小垄栽单行。垄距带沟 73~86 cm，每垄插苗 1 行，在土壤贫瘠、土层较浅的山地或坡耕地应用较广。对于间、套作田，垄距已固定，旱三熟套作，玉米带宽行 1.3 m，窄行 0.7 m，起独垄大厢，栽双行。

第二节 播种技术

目前生产上种植的甘薯品种繁多而优良品种少，造成"多、杂、老、少"的现象。因此，大力推广优良品种，并根据不同地力、不同用途和生产期合理搭配品种是发展甘薯生产的有效途径，尤其应大力引进和筛选特色专用型品种，提高甘薯的生产效益。

甘薯的繁殖可以分为有性繁殖和无性繁殖。有性繁殖主要是利用甘薯有性繁殖的种子培育后代，但是，后代性状分离明显，群体变异较大，在大田生产中不宜直接利用。无性繁殖主要是薯块萌芽长苗，然后剪苗直接栽植大田；也可以利用组织培养生产无病菌的种苗，比较适宜工厂化生产，应用前景广。

一、谨慎选择种苗

要想保证甘薯的产量和品质，种苗的选择非常重要。通常，应根据当地的气候特点选择适宜的种苗，以保证种子的萌芽率。另外，在条件允许的情况下可以选择生长期短的种苗，以增加每年的收获次数，从而提高甘薯的总产量。

二、重视壮苗培养

在甘薯的栽培过程中，要想培育壮苗，首先要将塑料薄膜覆盖在甘薯苗的上方，来增加苗床的温度，保证甘薯苗的成活率。其次要尽可能提高土壤的肥沃度。例如，将秸秆、动物粪便等铺放于土壤上，控制其厚度在 1.5～2.5 cm，并在其上方覆盖5.0 cm 左右的细土，以有效提高土壤肥力。再次，在种植过程中，要将甘薯的幼苗按照生长的方向摆放整齐，将幼苗之间的距离控制在 20.0 cm 左右。摆放完毕后喷洒适量的水，再次进行覆土之后用塑料薄膜进行覆盖。完成上述步骤后，要注意每隔 3～5 d 浇一次水，并按照幼苗的生长情况及时管理。

第三节　田间管理

一、种植方式

1. 小麦、甘薯间作套种

一般播 4 垄小麦预留 30～50 cm 空行，翌年 4—5 月在预留空行内栽植甘薯，种植密度以每亩 3 000 ~ 3 500 棵为宜。

2. 麦垄扦插

5 月中下旬在小麦行间扦插甘薯，一般采取斜插，扦插深度为 8 ~ 10 cm，密度一般为每亩 3 500 ~ 4 000 棵，以防麦收时损坏一部分。

3. 麦后起垄栽插

小麦收获后及时整地、起垄，一般垄距 70 ~ 80 cm、垄高 40 ~ 50 cm，单垄单行。沙土地也可采用宽垄双行栽培，垄宽 100 cm 左右。一般中蔓品种栽插密度为每亩 3 500 棵，短蔓品种为 4 000 ~ 5 000 棵。

4. 麦后铁茬栽插

麦收后铁茬栽插甘薯的密度一般为每亩 3 500 ~ 4 000 棵，短蔓品种可栽 4 000 ~ 5 000 棵。

5. 平栽

沙土地、旱地宜在整地后趁墒平栽。两合土和淤土地宜单垄单行栽培，沙土地宜单行或宽垄双行栽培。

二、密植技术

甘薯合理密植，是指在单位面积上有足够的株数，这样能充分利用光能和地力，增加薯块在单位面积上的数量，获得高产。但甘薯种植密度过大时，会造成单株营养面积过小，根系发育不良，继而导致减产。因此，甘薯的栽植密度应根据各地区的具体情况（包括土壤肥力）、品种特性、栽植时间和方法，以及种植甘薯的具体种类来确定。肥水条件好的地宜稀，旱薄地宜密；施肥多的地宜稀，施肥少的地宜密。

三、施肥

甘薯施肥要有机无机配合，氮、磷、钾配合，并测土配方施肥。氮肥应集中在前期施用，磷、钾肥宜与有机肥料混合沤制后作基肥施用，同时按生育特点和要求作追肥施用。其基肥与追肥的比例因地区气候和栽培条件而异。

1. 基肥

夏薯多重施基肥，占总肥量的 70%~80%。一般在作垄时集中进行条施，即将肥料施在垄心内，或作垄后于垄顶开沟施入（又称"包心肥"），使肥料流失少，吸收快，肥效高。一般每公顷施土杂肥 22.5~30.0 t、过磷酸钙 375~450 kg、草木灰 600~1 500 kg。

2. 追肥

甘薯追肥原则为"前轻、中重、后补"。前期促苗肥宜早，一般在栽后 7~15 d 进行，每公顷施尿素 45~75 kg。在基肥、苗肥不足或土壤肥力低的薯地，可在分枝结薯阶段（栽后 30 d 左右）追施壮株肥，以促进分枝与结薯。中期施"促薯肥"或"夹边肥"促使薯块持续膨大增重，一般在栽后 50~70 d 内追施。生长后期追肥为裂缝肥，即栽后 80~90 d，垄顶出现裂缝时，每公顷施尿素 75 kg 左右，施后用土盖裂缝。对前中期施肥不足、长势差的薯苗，裂缝肥有增产效果。后期根外追肥一般在收获前 40~45 d 进行，共喷 2~3 次，每次间隔 7~15 d。

四、栽插

壮苗栽插是保证甘薯全苗壮株的重要环节。茎蔓不同部位插条及插条节数多少等对发根和最终产量都有较大的影响，用顶段苗栽插的发根成活快，产量最高，中段苗次之，基段苗发根差，产量低。因此，剪苗时要离床土 3 cm 以上高剪苗，剪口要平。所选苗段茎较粗壮，老嫩适度，节间较短，叶片肥厚，浆汁浓而多，无气生根和无病虫害根，剪苗段 3 个节以上，100 根插条重 1.5 kg 以上。剪苗后薯秧存放的时间不能太久，应及时栽插，最多存放 5~7 d，要存放在阴凉潮湿处，捆把要松，剪头向下，最好接触泥地。

五、抑制甘薯茎叶徒长

7—8 月正值雨季，温度较高，甘薯植株生长快，为抑制甘薯茎叶徒长，每亩用 150 mg/kg 多效唑水溶液 50 kg 均匀喷洒，以叶面沾满药液而不流下为佳。

六、摘顶避免养分消耗

当红薯主茎长至 50 cm 左右时，选晴好天气上午摘去顶芽；分枝长至 35 cm 左右时继续摘去顶芽。这样可抑制甘薯茎蔓徒长，避免养分消耗，促进根块膨大。

七、其他田间管理

发根分枝结薯期的管理重点是使薯苗快速发根还苗，茎叶早发快长，全苗，壮苗，分枝早而多。因此，薯苗栽插后，遇晴天应连续浇水护苗，及时查苗补苗，在 5~7 d 内完成。分枝结薯期遇旱灌浅水，有利于分枝结薯。在还苗后（栽插 10 d 后）至封垄前，一般进行 2~3 次中耕。

在薯蔓并长期，夏薯要及时清沟排水，避免渍水影响生长；因地制宜追施促薯肥，同时注意茎蔓管理和控制徒长，但不必翻蔓。翻蔓一般减产 10%~20%。甘薯翻蔓减产的主要原因：一是损伤蔓叶。每翻蔓 1 次，每亩要翻断秧蔓 10 kg 左右，尤其是阴雨后翻秧，更易翻断。二是翻蔓后叶片人为堆叠，影响了光合作用，每翻一遍蔓需5~7 d茎叶才能恢复正常生长，这期间会影响薯块生长，造成新生分枝丛生，消耗大量养分。有时会出现叶片严重变黄、死蔓、脱落等现象。三是影响地下薯块生长。翻蔓后根蒂扭动严重，部分小根被翻断，甚至整株被扭断，导致薯块结得少，甚至完全"脱根"。因此，在生产上除中耕、施肥等必须翻蔓外，一般不需翻蔓。对徒长的田块，采用提蔓、摘心、剪除枯枝老叶等措施，或使用生长抑制剂，如喷施矮壮素和多效唑等，均有一定程度的抑制作用。

在薯块旺盛生长期，要保护好茎叶，防止脱肥、受旱等原因引起的早衰现象，延长茎叶的功能期，以促使块根迅速膨大和延长膨大时期，增加块根积累量。遇旱灌水和排水防秋涝是其关键。过湿影响薯块膨大，造成烂薯和发生硬心，不利于贮藏和晒干。

八、高效栽培模式

（一）旱薄地甘薯高产优质高效栽培技术规程

该技术规程主要内容包括深耕改土，使松土层达到50 cm以上；增施有机肥和氮素化肥，每亩施土杂肥4 000 kg左右，铵态氮肥（N）8~12 kg；选用耐瘠抗旱品种，例如，济薯21、济徐23、徐薯22、济薯25、冀薯98等；培育短节间壮苗，短节间壮苗抗旱能力强、缓苗快；适当密植，一般每亩3 500~4 000株；采用黑色地膜覆盖，黑色地膜覆盖不但具有增温作用，而且具有非常好的保墒作用，其保墒效果显著优于透明地膜。

（二）水浇地甘薯高产优质高效栽培技术规程

该技术规程主要内容包括增施钾素化肥，水浇地一般土壤中氮素养分较多，容易产生徒长，而钾素可以促进光合产物从地上部茎叶向块根运转、有效牵制地上部生长，一般每亩施用氧化钾 16 kg 左右，以基施效果最好；选用耐肥品种，例如，徐薯 18、商薯 19、龙薯 9 号、泰中 6 号、苏薯 8 号、烟薯 25、红香蕉、渝紫 7 号等；培育短节间壮苗，短节间壮苗缓苗快、结薯多、结薯早，可以尽早建立块根的生长优势、牵制地上部生长；适当稀植，一般每亩 3 000~3 500 株；对于有旺长趋势的田块，选用 15% 多效唑可湿性粉剂，配成 60~80 mg/kg 的水溶液，或者选用 5% 烯效唑可湿性粉剂，配成 20~30 mg/kg 的水溶液，在封垄期均匀喷洒叶片，每亩喷施 40~50 kg，每隔 7~10 d 喷洒 1 次，根据生长情况决定喷洒次数，一般喷施 2~3 次。

第四节　病虫害防控

一、农业防控技术

（一）规范轮作，清洁田园

甘薯种植过程中，不宜连作，以免病虫源积累，可以与其他植物进行两年以上轮作。对病虫害发生较为严重的地块，可以与豆类、瓜类、茄果类等蔬菜进行 2~3 年的轮作。一些病原菌及虫害会在杂草、落叶、植株及土壤中栖息。所以，甘薯种植前、生育期间及收获后，均应对种植地进行及时清理，清除植株残体、杂草、病叶与病株，深埋或焚烧，从而清除病虫中间寄主，减少病虫基数，避免发生严重的病虫害。

（二）强化健身栽培，增强抗逆力

选择无病害种薯，应用无病虫害的地块作为苗床，选择地膜育苗或温床育苗的方式，做好苗床检查工作。当发现病苗时，要将薯块一同挖除，以免将病苗种植于大田中。进行壮苗培育，选用无病的薯苗，选择垄作栽培的方式，根据实际情况，尽量早栽，密度要合理。结合生长情况，进行科学施肥，增加适量的磷、钾肥，重视中耕除草。甘薯生长后期，向甘薯叶面喷施95%磷酸二氢钾与尿素，喷施量分别为 150 g/hm^2、7.5 ~ 15 kg/hm^2，喷施次数为 2~3 次，每次间隔为 10 d。选择适当的时间进行收获，并及时入窖，防止发生霜害。创设无病留种地，保证种薯健康、无病害。

（三）合理密植，进行深沟高畦种植

如果种植密度过大，地下水位高，种植地低洼渍水，会增加田间湿度，造成病虫害滋生和蔓延。因此，如果种植地为低洼地块，应进行高畦栽培，尽可能降低地下水位，促进根系生长。保证种植密度合理，强化管理，科学浇水，当遇到雨天，雨后需将积水及时排出，以免出现大水漫灌的情况。另外，浇水后，需要做松土处理，适当增加保护地栽培温度，浇水后需要适时揭膜通风，减小湿度。

（四）采用地膜覆盖

地膜覆盖栽培可保证土壤疏松，起到良好的保温保湿效果，并且会强化养分积累，减缓杂草生长，确保植株生长良好，达到增产增值的效果。此外，还可有效减轻病害传播，减少害虫，在一定程度上减少农药的使用次数及使用量。

（五）增施磷钾肥，适当补施微肥

地块常年连续栽培，通常土壤中磷、钾含量会下降，这种情况会影响植株的抗性。尤其在缺乏微量元素的情况下，很容易发生生理性病害。所以，实际种植环节，需要增施磷、钾肥，保证

土壤中含有适量的氮磷钾肥，还应增施完全腐熟的有机肥，适当补充微肥，促进植株的生长，提升植株的抗逆、抗虫和抗病能力。

二、化学农药防控技术

在栽秧前，利用 30% 的辛硫磷微胶囊悬浮剂，用量为 1 ~ 1.5 kg/亩，按 1 : 5 兑水搅拌均匀，将甘薯苗基部整齐浸入药液中 10 cm，浸泡 3 ~ 5min 后，将其取出沥干水分进行栽插，其余药液可用于穴施。栽苗完毕，浇灌定根水。

此外，苗期可以利用菱菌净、噁霉灵等，对黑斑病、蔓枯病、紫纹羽病及根腐病等进行预防。

三、物理及理化防控技术

(一) 物理防控技术

1. 灯光诱杀成虫

在种植区域可以安装杀虫灯，实际安装过程中，保证杀虫灯底部与地面相距 1.5m，可通过杀虫灯将小地老虎、甘薯天蛾、金龟子、麦蛾等成虫诱杀，进而有效降低虫口密度，避免虫害的严重威胁。开灯诱杀时间是 4 月初至 9 月底，19:00 至翌日1:00 开灯。

2. 人工捕杀

根据甘薯金花虫成虫活动习性及假死性的特点，可在清晨或黄昏时进行捕杀，通常甘薯金花虫成虫会在幼茎叶上聚集觅食，可以进行集中捕杀。此外，可以利用泡桐叶进行小地老虎诱杀。其幼虫对泡桐叶有较强的趋向性，当发现这一病害后，可用清水浸湿泡桐叶，在晚放置于甘薯种植地，放置量为 1 200 ~ 1 800 片/hm²，翌日清晨，会有大量的幼虫藏于树叶下方，进行集体捕捉即可，1 次可持续 4~5 d。

（二）理化诱控技术

第一，糖醋液诱杀。由于小地老虎成虫对糖醋液有较强的趋向性，通常在 4 月中下旬通过这种方法进行诱杀，会获得良好的诱杀效果。具体做法：将白糖、醋、水、白酒及 90% 晶体敌百虫，按照 6∶3∶10∶1∶1 的比例进行调兑，放置田间15 盆/hm²，进行诱杀害虫。

第二，毒饵诱杀及小地老虎。用文火将 5 kg 菜籽饼或麦麸炒香，随后在其中加入少量的水以及 90% 晶体敌百虫 50 g，均匀搅拌后，在傍晚撒施在甘薯田中进行诱杀。

第五节　机收减损及贮藏

一、机收减损

（一）去蔓作业机械

甘薯生长藤蔓茂盛，挖掘收获前必须去除其藤蔓。目前机械去蔓仍以粉碎直接还田为主，选择碎蔓机时应考虑垄形尺寸，否则效果较差。根据配套形式，可将碎蔓机分为自走式碎蔓机、悬挂式碎蔓机。常见的自走式碎蔓机有自走式小型甘薯碎蔓还田机，常见的悬挂式碎蔓机有中大功率配套悬挂式碎蔓还田机和悬挂式碎蔓挖掘收获复式作业机等。

（二）挖掘收获作业机械

国内甘薯收获机械主要以分段收获和两段式收获为主。常见的分段收获机有犁式挖掘收获机杆条升运链收获机；两段式收获机有自走式甘薯联合收获机。

二、甘薯废弃物处理

（一）饲料

常见的处理方式是将甘薯秧从根部以上斩断，收集拖运至养殖场，直接作为牛羊等畜禽动物的饲料。由于甘薯秧田地分布零散，收储运难度大，且未经处理，动物直接食用新鲜的茎蔓，可能会因为其上携带虫害或者生物农药导致畜禽生病。而且一旦茎蔓枯萎，牛羊则不喜食用，造成严重浪费，也可以将甘薯秧作为原料添加其他营养物质合成制作动物饲料，此种方式需要增加额外成本，甘薯废弃物的处理量也较小。

（二）堆置

甘薯秧从根部以上斩断后，直接堆置在沟边是最简便的处理方式，然而由于废弃物的纤维素和水分含量均较高，气温较高时极易造成叶片腐烂发臭，茎秆却难以降解，雨水冲洗造成二次污染，破坏人类自身的生存环境。

（三）厌氧消化

厌氧消化是各种有机物在无氧条件下，被各类专性厌氧菌群和兼性厌氧菌群分解转化，最终产生沼气能源和沼液沼渣有机肥的过程。甘薯废弃物的厌氧发酵也是一种能源化处理的方式，但是在实际应用中会出现以下问题：废弃物密度小，质量轻，投料比重小，占用容积大，很少或不能吸附沼气池中的水分，因此不沉淀，绝大部分悬浮在沼气池上层，经过一段时间的发酵变成絮状，导致气体无法从顶部出气口排出，或排出时带出大量的悬浮层杂质，后续气体的使用及提纯困难；薯尖废弃物的降解程度较差，产气量少，降解时间长，占用沼气池池容，且由于废弃物的收集周期短，集中处理困难；若需换料则排料困难。

（四）肥料化

肥料化处理也就是好氧堆肥，是将甘薯废弃物在一定湿度、C/N 和通风条件下，通过好氧微生物的高温发酵作用和酶活性加速有机物的生物降解和转化，最终使有机物腐殖化和稳定化变成腐熟肥料的过程。堆体最高温度一般可以达到 50~70℃，又称为高温堆肥。肥料化处理甘薯废弃物也是较好地实现生物质能源再利用的方式，但是由于甘薯废弃物含水率高的特性，需要添加其他辅料如干秸秆等，以调节初始堆肥物料在合适的湿度范围内（60%~70%）。

（五）厌氧消化与好氧堆肥联合处理

联合处理方式是将来的发展方向，可将甘薯废弃物先经好氧堆肥处理，降低木质纤维素的含量，后投入厌氧发酵池，从而缓解甘薯废弃物直接发酵带来的各种问题。

三、贮藏

甘薯收获过早，缩短生育期，会降低产量，同时薯块易发生黑斑病和出现薯块发芽，不利于贮藏。收获过迟，淀粉糖化会降低，从而降低块根出干率与出粉率，甚至遭受冷害降低耐贮性。确定甘薯收获适期，一是根据耕作制度，收获期安排在后作植物播种适期之前；二是根据气温及霜期，当气温降至 15℃时，即可开始收获，至 12℃时收获结束。夏薯大多在 10 月中旬至 11月上旬收获。收获应选择晴天进行，做到细收、收净、轻刨、轻装、轻运、轻放，尽量减少薯块破伤，以避免传染病害。

鲜薯贮藏是甘薯产后的一个重要环节。若薯块质量差，消毒不严，温湿度不适宜，会使黑斑病、软腐病等病害大量发生，使品质变劣。因此，必须创造适宜的环境条件，以达到安全贮藏的目的。甘薯贮藏期适宜的窖温范围为 10~14℃，窖内相对湿度为 80%~90%，随时注意通风。而且，凡是受伤、带病、水渍或受冷害的薯块应在入窖前剔除。

第六节　耕地保护技术

利用大、中棚设施进行甘薯早熟栽培，不仅可以提高有限的土地资源、光热资源的利用率，提高甘薯生产的产量和效益。

一、选地和建棚

保护地栽培甘薯一般应选轮作期 3 年以上的生茬地，土质以沙性壤土为理想。连作两年以上的甘薯地由于容易造成甘薯线虫病、黑斑病等土传病害的流行和土壤营养元素的失衡，应该采取土壤消毒和平衡施肥增加有机肥用量的方法进行处理。土地的前茬以小麦、玉米、瓜类、蔬菜为好，且要有良好的排灌条件。棚的建造规格及走向应根据地形、地势而定，一般以顺风向较好，不仅可以减少风害的影响，还可以提高作业效率。大棚可以按照标准的瓜菜大棚规格建造，中棚一般 4 m 跨度，高度 1.2~1.5 m。在长向上每 1~1.2 m 支撑竹板龙骨一条，塑膜紧贴龙骨并绷紧，两侧压入地下 15 cm 左右，埋好并踏实，龙骨间用铁丝或尼龙绳勒紧，膜上盖草帘与否根据当地气候和栽植期早晚而定。大棚在甘薯栽植前建好并盖膜，中棚在甘薯栽植后支架盖膜。

二、品种选择与整地

为发挥保护地对光温资源的利用效果，一般应选用早熟、高产品种，如豫薯10（又称红心王）、京薯2等。整地一般在扣棚膜前进行，结合施底肥进行平整和深翻。每亩地在施2 000 kg优质有机肥的基础上，施甘薯专用肥40~50 kg。撒施后翻入地下，需要消毒、杀虫的地块，消毒剂和杀虫毒饵一并施入。同一棚内土地平整，以保证顺利浇水、排水和起垄盖膜为度。起垄行距75 cm，垄高25 cm，顶部平坦，宽度20~25 cm。垄上覆地膜，将全垄盖严并绷紧。

三、栽植

秧苗栽植时间，根据收获期和育苗情况决定，一般经验认为以大棚甘薯4月上中旬、中棚甘薯4月中下旬为宜。

从苗床取下的秧苗可以直接栽插，也可以先行假植。根据生产田地温和秧苗分级情况，先将秧苗移栽到背风向阳的暖畦中，适当浇水，早晚盖膜。进行适应性锻炼和催根，一般3~7 d可以达到适栽标准。经假植后的秧苗，不但可以提高成活率，而且缓苗快。

保护地内甘薯一般采用斜栽法或直栽法以保证密度。亩栽密度根据品种特性和计划的收获期早晚决定，一般比普通大田增加10%左右。秧苗栽于垄顶中间部位，破膜后栽入土中4~5 cm，浇水两次后压土封穴并将地膜破茬压严。

四、管理与收获

保护地甘薯管理比较简单，关键在前期保温保湿促缓苗。为了促进甘薯早缓苗，栽后3~5 d棚内温度不高于35℃，一般不进行放风，以保持内部湿度。低于13℃以下要密闭或人工加温，35℃以上要进行侧风向放风，防止冷风长驱直入。结合放风行间沟中进行松土提温并保墒。在晚霜、倒春寒完全过去后，随着外界气温升高，逐渐加大放风口，甩蔓封垄后侧面全部敞开，气温达到30℃左右可以去掉棚膜。根据甘薯的苗情长势和土地肥力情况，在甘薯甩蔓后封垄前，在垄侧开穴追肥，亩施专用复合肥30~40 kg，并根据墒情浇水，促进肥料溶解和防止干旱。早熟品种在保护地情况下，栽植后65~70 d，就可以根据市场信息，抓紧收获、包装抢鲜上市，随即整地和土壤处理进行二茬栽植。

第七节　甘薯防灾减灾技术

一、洪涝

出现洪涝灾害时，要及时做好田间排水沟的疏通、清淤工作，及时排出田间积水，用清水喷淋冲刷叶面泥土，清除田间杂物，清除烂叶，并追施速效氮肥。在叶面喷淋时可用多菌灵或甲基硫菌灵对甘薯田进行消毒处理。对少数已坏烂的薯块要挖出以防蔓延。同时，注意防治田间病虫草害，密切注意病虫害发生动态，及时用药防治。及时拔除田间杂草，使甘薯通风、透光，减少养分消耗。一般应在大雨来临之前，组织人力，挖好排水沟，搞好防洪排涝工作。

二、干旱

如发生在甘薯生长的前期和中期，及时浇水降温，结合浇水施少量尿素，促进甘薯健康生长，增强抵御高温干旱的能力。还可以采取中耕、覆盖作物秸秆等措施保墒，提高土壤水分利用率。在甘薯生长的后期，叶面喷施1%的尿素溶液，每亩喷50 kg，也可以喷施黄腐殖酸类溶液，每隔7 d喷1次，连喷2~3次，可以延长叶片的功能期，可以抵御高温干旱灾害。

三、多雨

多雨天气，甘薯地上部容易旺长，茎蔓上容易产生大量不定根，消耗养分，不利于薯块重量增加。应对措施：一是及时排水，防止田间积水、增加土壤通气；二是翻蔓断节根、散墒，或者用拖拉机压断沟底的茎蔓，以控制其茎叶徒长；三是化控抑旺，对于茎叶出现旺长的地块，可以喷洒生长抑制剂。一般在甘薯封垄前后、雨季来临前喷洒第一次，根据甘薯长势，连喷 2~3 次。

四、雹

发生冰雹灾害后，应及时排出田间积水，迅速清理残枝烂叶，并根据甘薯生长发育进程采取不同的减灾措施。甘薯栽秧不久受雹害被砸成光杆的，以移栽补苗或重新栽秧为好；缓苗后团棵前受雹害，只要茎蔓还在就能恢复生长，应及时追施速效氮肥，加强田间管理，促进残存茎蔓尽快发芽，一般要比翻种重栽秧产量高。

第七章　马铃薯

第一节　播前准备

一、选地

尽量实行轮作。应选择 2~3 年内没有种过马铃薯和其他茄科作物、土地肥沃、土层深厚、有机质含量丰富、排灌方便、远离污染源的田块。

二、选茬

前茬应选用小麦、玉米茬，其次是水稻、棉花、大豆、杂粮茬，忌用甜瓜茬，并要求前茬未施用磺隆类、咪草烟类除草剂。

三、整地

秋收后深耕 23~30 cm，拾净石块、根茬，精细整地，使土层绵软松厚，以利马铃薯生长。

四、土壤消毒

上茬作物收获后，清洁地面，地深翻 30 cm，晒垡。

五、施肥

要根据土壤肥力状况和目标产量，确定合理施肥量和施肥方法。地膜马铃薯生育期短，要重施基肥，基肥要以腐熟农家肥为主，增施一定量的化肥。具体施肥量：在每亩产量目标为

2 500 kg 左右的地块，施用腐熟的农家肥 3 000~5 000 kg、尿素 20 kg、磷酸二铵 50 kg（或过磷酸钙 50 kg）、硫酸钾 7~10 kg。要将化肥施于离薯块 2~3 cm 处，避免与种薯直接接触，施肥后覆土，也可将化肥与有机肥混合施用，可提高化肥利用率。

第二节　播种技术

一、选用种薯

应选用良种，包括选择优良品种和选用优良脱毒种薯，防止种薯带菌。要加强检疫，勿从病害严重发生的地区调入种薯；尽量从无病区生产、调运种薯。

宜选用中早熟品种，如克新系列的 6 号、1 号，费乌瑞它，早大白，津引 8 号，早 50 等。山区宜选用中、晚熟品种，如东农 303 等。选用的种薯大小要中等偏上，均匀，表皮光滑，芽眼鲜明。

二、种薯处理

脱毒小种薯可直接用于播种，不需切块。对大块种薯，播前要进行切块。切前首先要对切刀消毒。消毒方法为沸水浸烫或 75% 酒精擦洗。切块时保证每块种薯都有芽眼，每块重 20~25 g，切过的薯块切口处应蘸些草木灰或 1:1 000 倍的多菌灵药土。

三、播种、地膜覆盖

（一）播期

要适时早播。一般在 1 月下旬到 2 月上旬播种。山区在地面解冻后播种，一般在3月中下旬至4月上旬。

（二）播种方法

直接起垄的起垄后要趁墒播种。若播前土壤干燥，底墒不足，要先春灌造墒，不能缺墒播种。每垄种2行，垄中种植。严禁种在垄边甚至垄坡上。播种时呈"品"字形匀播。开沟起垄的要起垄、播种、覆膜一次完成，并注意不要播种过深，以防出苗困难。

（三）种植密度

应合理密植。垄上行间距30~40 cm，株距25~30 cm，播深5~8 cm，一般每亩用种量100~150 kg。播后覆土整平垄面，准备覆膜。

（四）正确覆膜

选用厚0.005~0.006 mm、宽80~100 cm的地膜。每亩用地膜3~4 kg。覆膜时在垄两边开沟，将膜沿纵横方向铺展拉平，使膜紧贴垄面，同时用细土压实两边，压入土中5~8 cm，在垄上每隔1 m压一些碎土，以防大风将膜吹烂、吹跑，使地膜真正起到提温保墒灭杂草的增产效应。

第三节　田间管理

一、及时破膜放苗

播后勤到田间查看，当10%幼苗开始顶膜时立即放苗。方法：用竹签或小刀在苗正上方开一小口将幼苗拉到膜外，用细土封严苗周围地膜，防止大风揭膜。在晴天10：00以前或16：00

以后放苗，严禁中午放苗。

二、查苗补苗

当苗显行时，从缺苗处附近选苗较多的穴窝，将向外倾斜的苗子连根轻轻拔下，栽在缺苗处，并浇足水，加厚培土，仅留幼苗顶梢2~3片小叶为好。

三、间苗除草

齐苗后及时锄掉垄沟中的杂草，拔除膜内杂草并间苗，每穴留苗1~2株。间苗时不能伤根，不要掘动薯块，及时封严被风吹开的膜孔和膜边，以防膜内杂草丛生。

四、科学用水

马铃薯对于水分的需求很高，在马铃薯生长的不同阶段对于水分的要求都不同，在播种的时节要保证土壤有足够的水分，否则会造成马铃薯根系不发达的现象。在幼苗时期一般情况下不进行灌水，要保证土地的温度，从而使马铃薯的地下部位能够顺利生长；在发棵期要保证水分的充足，从而使其能够顺利地结薯；在结薯期水分必须充足，从而让薯块能够快速地长大，实现马铃薯的高产量。

播后若墒情不足，可深灌水1次。马铃薯进入现蕾期后如遇干旱，可轻灌水1~2次。降雨较多时，雨后及时排水，以防田间长期积水形成湿害。

五、合理密植

合理密植也是保证种植质量的关键。合理密植可提高光合作用效率，又可以保证合理的通风，有利于马铃薯植株的健康生长。播种时注意要深播，播种要直，要均匀。最好选择晴天播种，阴天也可以，但阴天要考虑是否会下雨，如遇下雨不能播种，并且雨后不建议立即播种。春季播种后，田间管理的原则是"先蹲后促"，即显蕾前，尽量不浇水，以防地上部疯长，显蕾以后，浇水施肥，促进地下部分生长。一般4月上中旬进行中耕追肥：每亩可追碳酸氢铵40~50 kg（或尿素15 kg）施入沟内，4月下旬至5月初进行培土、浇水，5月中旬进行第二次培土和浇水，以后根据墒情进行浇水，以保持土壤湿润，地皮见干、见湿为宜，收获前10 d不浇水，以防田间烂薯，如果发现植株有疯长趋势，可在显蕾期（4月下旬至5月初）每亩喷50~100 g 15%多效唑进行控制。

六、合理施肥

肥料对于提高马铃薯产量、保证马铃薯质量意义重大，必须科学合理使用。过量和过少使用都不科学，建议底肥以腐熟农家肥为主，或者也可以使用马铃薯专用肥，一般以每亩施用2 000 kg左右农家肥为宜。当马铃薯苗齐以后可以结合中耕使用提苗肥，显蕾前待苗长高到20 cm左右时可以施用结薯肥，促进果实发育，结薯期务必注意肥料的科学使用，以保证马铃薯增产增收。

七、中耕管理

马铃薯出苗以后，一些杂草也会伴随其生长。如果不及时处理可能会影响马铃薯的正常生长，与马铃薯争取养分，所以马铃薯出苗以后要适当安排中耕除草。除草的次数要根据杂草情况而定。一般来讲，马铃薯出苗后1个月左右，可以进行一次中耕除草，间隔1个月之后可再进行第二次。除草要本着"除早、除小、除了"的基本原则，最大化的保证除草效果。同时建议进行中耕垄埂2~3次，真正达到深种深盖，从而保证马铃薯生长所需的养分和水分，使马铃薯块茎全部深埋土内，以增加结薯量，提高产量。

八、摘花去蕾

对于结浆果较强的品种，在马铃薯显蕾后，要及时摘除花蕾，以避免因开花结果造成的养分消耗，保证养分供给。

九、叶面追肥和化控

（一）叶面追肥

马铃薯开花后，主要以叶面喷施方式追施磷钾肥，每隔8～15 d，每亩叶面喷施0.3%～9.5%的磷酸二氢钾溶液50 kg，连续2～3次，若出现缺氮现象，可增加100～150 g的尿素喷施。通过根外追肥可明显提高块茎的产量，增加块茎的品质和耐贮性。

（二）化控

马铃薯生长中后期以控上促下为主。在现蕾初期即块茎形成期，对地表茎叶高达30～35 cm、生长过旺有徒长趋势的田块，可叶面喷施多效唑水溶液（每亩用15%多效唑30～50 g兑水40～50 kg喷雾），控旺防徒长，促进养分向地下部转移，并摘除花蕾，减少养分消耗。

第四节　病虫害防控

一、真菌、细菌病害防控

马铃薯作物生长阶段，真菌病害是最常见的病害之一。此种病害会造成马铃薯早疫病、干腐病、萎蔫病、癌肿病等。造成此类病害的原因较多，一般由周边的杂草、番茄作物传播感染导致。另外，在进行有机堆肥时，若肥料管控不当，也容易造成此类真菌病害问题。针对真菌类病害，可选择叶面喷洒代森锰锌粉剂的方式，合理控制其用量，根据病情不同，一般可连续喷洒治疗5~7 d。针对细菌病害问题，应做好杀菌工作。此种问题会导致马铃薯出现黑胫病、青枯病、环腐病等病症，作物感染后的叶片更小，营养不良。应在选种过程中做好预防工作，对马铃薯的选种进行化学试剂浸泡，避免出现感染。

二、马铃薯虫害防控

马铃薯常见的虫害包括蚜虫、叶蝉、金针虫、蛴螬等。以蚜虫为例，可引入蚜虫的天敌黄蜂和甲虫，将其杀死。在选择药剂进行杀虫时，应避免杀害蚜虫的天敌。通常可以采用50%抗蚜威可湿性粉剂1 000~2 000倍液，或含量为40%的乐果乳油1 000倍液，能够有效将其杀灭。针对叶蝉的防治，也需要从选种阶段对其进行预防，避免遭受虫害。

三、农业防治技术

农业防治技术是防治马铃薯病虫害的有效途径，主要包含以下措施：一是马铃薯播种前，进行土壤深耕、晾晒，杀灭土壤中的有害病原菌和靶标害虫的越冬虫蛹、老龄幼虫。二是及时清除马铃薯残枝病叶，并集中销毁，以减少传染源。

四、物理防治技术

物理防治技术是针对马铃薯靶标害虫有效且绿色的防治手段，具体包含以下措施：一是利用地老虎、马铃薯块茎蛾等靶标害虫的趋光性，设置黑光灯对其成虫进行引诱、捕获；二是配制糖醋液，捕获地老虎等害虫成虫，降低为害。

五、科学用药技术

科学用药技术是指通过喷施农药来对马铃薯病虫害进行防治，应遵循以下基本原则：一是优先使用降解较快、对天敌及环境友好的生物农药，如喷施氨基寡糖素提升马铃薯抗病虫能力，喷施枯草芽孢杆菌、白僵菌防治马铃薯地老虎，施用淡紫拟青霉防治马铃薯根结线虫；二是使用 200 g/L 氯虫苯甲酰胺悬浮剂防治地老虎，使用 3%阿维菌素·吡虫啉颗粒剂防治蛴螬，使用 53%烯酰吗啉·代森联水分散粒剂防治晚疫病，使用 35%苯醚甲环唑·嘧菌酯防治茎基腐病。

第五节　机收减损及贮藏

一、机收减损

（一）马铃薯收获机的正确使用

小型马铃薯收获机进地作业前要检查拖拉机变速箱和马铃薯收获机变速箱里是否有足够的润滑油，如果润滑油不足要及时向变速箱中加注。小型马铃薯收获机使用前要与拖拉机挂接，拖拉机的变速箱后边有一个带有方轴的万向节，移动拖拉机或收获机把方轴插入方管中，方轴能在方管中自由滑动。将收获机的左右下悬挂支架与拖拉机的左右下悬挂点相连接，连接后插入销子并锁定；上悬挂支架与拖拉机的中央拉杆相连接。收获机开到田间地头作业前要调节好挖掘铲的作业深度，挖掘铲的作业深度可以通过调节左右限深轮的高度来实现。延长限深轮的高度铲刀入土角变小耕深变浅，缩短限深轮的高度铲刀入土角变大耕深增加。一般收获机的耕深以 10 cm 为宜。收获机挂接完毕后，要连接拖拉机动力输出轴使收获机空转几分钟，待收获机运转正常后，方可进行收获作业。

（二） 小型马铃薯收获机作业中的注意事项

在马铃薯收获机作业过程中，驾驶操作人员应事先规划好拖拉机的作业前进路线，另外还需有一个辅助人员协助观察收获作业的情况及作业状态，如发现螺栓等松动应及时停车紧固，如有杂物堵塞及壅土现象出现，应立刻停车排除。作业到地头后，应对振动筛进行清理，将振动筛上杂物和挖掘铲上的泥土清理干净。清理机具时应将机具停放在地面，不允许挖掘机在悬起的状态下清理机具和排除故障。马铃薯收获后应根据天气情况晾晒 20~30 min，按马铃薯的大小，由人工分拣，装入不同的袋子中，并及时从田间运走，防止夜间冻伤。

二、贮藏

（一） 室内箱贮法

箱贮比较适于住楼用户，把纸箱放到凉阳台处，温度控制为 2~5℃，在箱底放上 15 cm 高的木头或砖块，以防止箱底潮湿，然后把马铃薯装到箱内，上盖 10 cm 的潮土，既可以保持新鲜，又可以减缓其生芽。

（二） 通风库贮藏法

在使用通风库来贮藏马铃薯时，马铃薯的堆高不能超过 2m，薯堆内要放置通风塔，并做好前期降温。如果有条件，还可以在库内使用专用木条柜装薯块，便于通风，该方法贮量比较大，但成本较高。

（三）地窖贮藏

选择一些避光、通风、阴凉、干燥的地方，用砖砌长方形窖，池壁需要留孔做成花墙式，以便通风散热，窖上面覆盖 10~15 cm 厚的细沙土，稍微压实即可。而如果土质比较黏重坚实，多采用井窖或窑窖贮藏。

（四）辐照处理贮藏

主要是运用钴-60 放射源的 γ 射线具有很强穿透力的原理，对马铃薯进行辐照处理过后进行贮藏。

第六节　耕地保护技术

一、马铃薯的品种选择

在种植马铃薯时，需要根据当地的气候条件和土壤特点，选择适合当地生长的马铃薯品种。同时，也需要注意选择耐病性好、丰产性高的品种，以提高产量和质量。

常见的马铃薯品种有红薯、白薯、紫薯等，其中红薯和白薯的产量较高，紫薯则富含天然色素和营养成分。

二、马铃薯种植的注意事项

马铃薯容易罹患病虫害，在栽种和生长过程中需要加强病虫害防控工作，采取科学防治措施，如农膜覆盖、轮作等。

种植马铃薯需要注意耕作管理，包括换季管理、灌溉施肥和土壤松耕等。

马铃薯属于相对耗水的作物，需要在生长过程中加强灌溉管理，以保证良好的生长环境。

第七节　马铃薯防灾减灾技术

冻害应对措施：

一是有双膜覆盖的及时修复雪毁小拱棚，清除膜上积雪，在拱棚内加盖稻草，傍晚在拱棚外加盖遮阳网等覆盖物，可有效保温防冻。

二是露地播种的应清除地表积雪，检查薯种受冻情况，若大部分种薯完好，应在晴天中午土壤未封冻时在播种孔四周中耕松土，并加施草木灰、覆盖稻草或有机肥。若种薯已完全冻坏，应考虑改种或重种。

三是准备适量同品种种薯，在大棚或小拱棚内催芽，在气温回升后及时补苗。

第八章 大 豆

第一节 播前准备

一、品种选择

品种优良是大豆高产的前提，能最大程度保障经济效益。根据种植地的气候、水源、土壤情况及病虫害等，选择高油、高蛋白、高产量、熟期适宜、抗病和抗逆的品种，提高产量的同时还可以减少农药的使用。

二、种子处理

筛选种子，将破粒、杂质、受病虫害侵害的种子去除，挑选饱满颗粒大的种子进行处理。播种前一周，挑选阳光充足的天气将种子暴晒 3 d，勤翻动使其晾晒均匀，减少水分，清除有害呼吸产物，杀菌消毒，增强种子吸水能力，提高种子发芽率。晒种后将种子冷水浸泡 10 h，再浸温水 8 h，浸水时及时去除种子包衣，让种子表面病菌清除彻底，可增强种子抗逆性和抗病虫害能力。播种前使用微肥和一定量农药进行拌种，可提高种子出芽率，并提供苗期营养。

三、选地整地

地势平坦、阳光充足、土地肥沃、排水能力强的优质土地，可以让大豆更好的生长，实现高质高产。最好选择前茬作物是玉米或水稻的土地轮作，可以使土地资源利用最大化。播种前要进行深耕处理，去除前茬根茎和杂草，耕深 20 cm 左右，并施足底肥，最好是每亩地施加 100 kg 腐熟农家肥，确保土壤疏松、排水保湿能力强。

第二节　播种技术

一、确定播期

根据当地气候、土壤和大豆品种特性等综合考虑播种时机，充分利用温度和阳光条件，播种过早种子不易发芽，过晚影响大豆积累营养，影响品质，早熟品种可以稍晚播种，晚熟品种要适当早播。

二、播种方法

结合地形，阳光资源，土壤肥力及大豆品种特性合理密植，不浪费土地资源，最大限度提高产量。用点播的方式可以精确控制播种密度，深度在 3 cm 左右。机械种植可精确控制种量和肥量，并可一次性完成施肥、播种、覆土。人工点播要先开穴，每行间距40 cm，每株距 20 cm，每亩地施 10 kg 磷酸二铵，覆薄土使种肥分离，每穴播种 3~4 粒种子，然后覆土均匀，防止跑墒。大豆种植要经常与玉米、水稻等进行轮作，大豆可固定氮元素，但氮元素过多会抑制大豆生长，其他农作物可以吸收氮作为养分，经轮作充分休息和恢复的土壤才能让大豆更好地生长，提升产量和质量。

第三节　田间管理

一、查苗补苗

出苗后及时查苗，发现缺苗情况进行移栽或补种。尽量使用同期的豆苗，或将种子浸泡 3 h 以上再播种，栽种后及时浇水，保证成活率。

二、间苗定苗

间苗要在幼苗两片单叶平展后开始，去除病弱幼苗，保留壮实健康的幼苗。第一对复叶平展后进行定苗，去除多余的幼苗。

三、中耕除草

播种 3~5 d 后，可使用 50% 乙草胺·异噁草松乳油将土壤封闭除草，根据说明书的配制方法每亩使用 80 mL 兑水喷雾，避免为害大豆生长。大豆成熟前要进行 3~4 次中耕除草，人工除草和药剂防治可混合进行。人工除草应小心谨慎，避免损伤大豆根部；药剂防治要使用对自然环境破坏小的农药，并控制药量，避免毒伤大豆。

四、合理追肥

大豆生长需要充足养分，大豆苗期、开花期、花荚期、鼓粒期和成熟期都需要追肥，才能保证大豆良好生长，提高产量。施肥要根据苗情确定用量，施肥过少影响产量，施肥过多导致花荚脱落。大豆鼓粒以后根系逐渐衰老，吸收养分能力下降，可通过叶面施肥，晴天在叶面背面喷施液态化肥。

五、灌溉排水

花荚期和鼓粒期是大豆需水期，要科学灌溉，严格控制灌溉量和灌溉频率，符合大豆生长规律。但鼓粒期前大豆植株根系发达，对水分敏感，要及时排出田间积水，防止烂根，影响产量。

第四节　病虫害防控

防治大豆病虫害坚持以防为主，密切关注大豆生长，及时发现病虫害前兆，在大面积侵害发生以前及时控制。按病虫害发生特点和规律主动防控，如选取抗病种子、农药拌种、合理轮作，补足肥水等。如预防大豆根腐病可用35%甲霜灵粉剂拌种，并加强排水，降低土壤湿度；防治大豆锈病喷洒75%百菌清可湿性粉剂600倍液；防治大豆食心虫可在枝叶上涂抹或熏蒸敌敌畏，或用其天敌赤眼蜂、小茧蜂清灭虫害；可利用天敌寄生蜂和食蚜蝇等抑制大豆蚜虫数量；综合运用物理、生物和化学方法，科学高效防治大豆病虫害。

第五节　机收减损及贮藏

一、机收减损

（一）大豆收获时机

大豆收获时机对大豆收获的数量和质量有较大的影响。大豆生产过程中适时性损失会影响大豆产量，研究表明，大豆最佳收获期进行收获，收获适时性损失率最低，延迟或提前收获都会影响大豆的收获量。大豆机收尽量在大豆完熟期初期进行，收获太早，大豆籽粒和秸秆含水率高，造成产量低且不宜直接贮藏；若收获过晚，籽粒和秸秆太干，收获时易引起豆荚炸裂造成炸荚损失。一天中最佳收获时间在9：00—17：00、12：00—13：00，天气过于炎热时不宜作业。带露水或下雨时、雨后未晾晒不收割，田间多青绿杂草不收割，否则会影响大豆外观品质。

（二） 在收获前一定要进行试割观察

由于大豆品种、种植模式、生长状态和收获时期等差异，大豆在收获时植株倒伏程度、籽粒含水率、喂入量、杂草等情况不同，收获损失率、破碎率、脱净率和清洁率在不同田间作业条件下也会不同，在收获前一定要进行试割观察，运用以上基本原则对收获机进行调整，收获质量指标才能满足国家标准。

二、秸秆处理

目前的机械化秸秆还田技术采用大功率拖拉机悬挂旋耕机进行直接作业，这一机器能够直接完成大豆秸秆的灭茬、碎土、覆盖3道工序，因为在进行人工施肥技术，能够直接保证土壤的肥力，主要原理在于将大豆秸秆粉碎埋藏在土地，能够加速秸秆的腐烂。

三、贮藏

（一） 带荚暴晒，充分干燥

大豆水分超过13%就有霉变的危险。因此在对其进行贮藏时，对于水分要进行严格控制，尽可能保证大豆的含水量不超过12%再入库，大豆干燥以带荚为宜。为了避免种皮发生裂纹和皱纹现象，将收割后的大豆摊晒2~3 d，待荚壳干透并有部分开始爆裂时进行脱粒。

（二） 清仓消毒，消灭虫害

为了降低种子发生病虫害的可能性，在其入仓时要对仓库环境及入仓用具进行仔细清理并作相应的消毒处理。仓库清理工作主要涉及仓库清理及仓库内外整洁两个内容。仓库清理既要对用具进行清理，又要对库里的各种种子、垃圾等物质进行及时的清理，并且还要使用开水烫或在阳光下暴晒等物理方式，对仓库用具进行消毒处理。对于仓库内存在的全部缝隙及孔洞进行及时处理，仓库外也要保证经常铲除杂草，做到仓库外环境干净整洁，以消灭潜伏的害虫。

（三）合理堆放，正确管理

应根据种子水分采取不同的贮藏管理和堆放形式。低水分种子可以采用密闭贮藏管理，堆高至 1.5～2.0 m；种子水分在 12%～14%，堆高应在 1 m 以下；种子水分在 14% 以上，堆高应该在 0.5 m 以下。

第六节　大豆玉米带状复合种植

一、选地和整地

在进行大豆玉米带状复合种植时，应当选择土层深厚、保水性能好、透气性强的中性或微酸性壤土或沙质土壤。选地后还需完成精细化整地作业，包括深耕灭茬、精细耙耱和平田镇压等环节。深耕深度一般控制在 30 cm 以上，确保将地下虫卵翻出地面。精细耙耱则要求达到地表平整细碎、无残茬、不漏耕等标准。

二、宽窄行分带种植

大豆与玉米带状复合种植以 2 行玉米间套种 1 行大豆为宜，这样既方便田间管理，又便于通风透光。通常情况下玉米株距 11～12 cm，一般每亩用种 2 kg 左右。大豆株距为 8～9 cm，一般每穴播种 2 粒种子。在实际操作中，还需考虑不同品种的特性差异,因此,需要适当调整株距和行距。有效株数力争每亩玉米超过 4 000 株,大豆不少于 2 万株。

三、适期播种

在大豆和玉米播种过程中,要严格按照预定的种植方案执行,避免出现播期偏差过大、过迟等不良现象。一般来说,春季适宜播种时间为 4 月初至 5 月初,夏季则为 6 月初至 7 月初。此时段内温度适宜、雨水充沛,非常适合农作物的生长。若种植地含水量高于 60%,则需要及时采取排水措施。另外,由于大豆和玉米的生长速度不一致,所以农户还需适时追施氮磷钾肥,以满足它们各自的生长需求。

四、田间管理

一是田间补苗。大豆和玉米出苗后要做好田间管理工作,及时检查出苗情况,发现缺苗断垄处应当及时予以补种。补种时应当做到稀播匀播,确保同一片田地里所有种子都被覆盖。补种结束后,应当及时进行划锄松土,防止土壤板结影响根系发育。补种前将种子放入清水中浸泡 5 h 左右,有助于破除休眠、提高发芽势和成苗率。补种结束后还应当加强田间管理,保持土壤水分充足、温度适宜,促进幼苗健康成长。大豆和玉米进入苗期后,要对高密度区域间苗、定苗,保留壮苗、弱苗,调节群体结构,协调个体与整体关系。一般来说,第一复叶长出后开始间苗,去除病苗、劣苗和杂苗。间苗时要注意留苗均匀一致,避免拥挤争光。一般每穴留苗 2 株左右最佳。二是田间除草。杂草会与作物争夺养分、空间和生存场所,进而影响产量和质量。在大豆玉米带状复合种植模式下,除草尤为重要。一般使用乙草胺、二甲戊乐灵等除草剂进行封闭喷雾防治,可用 75% 乙醇兑水稀释喷洒。在喷药前后 3 d 内不得施用任何含有酰胺类除草剂的农药,以防止产生药害。三是肥水管理。采用大豆玉米带状复合种植模式可以减少化肥施用量，但仍需注重平衡施肥，尤其是补充适量的微量元素。在大豆初花期和鼓粒期分别亩追施尿素 10 kg 和磷酸二铵 10 kg。玉米大喇叭口期每亩追施尿素 5 kg 和硫酸锌 1 kg。在整个生育期内，还需定期检测土壤 pH 值以及灌溉水量等指标，根据监测结果进行精准调控。四是合理控旺。为避免大豆和玉米出现徒长倒伏现象，农户可采用镇压器、刀片等工具对农田进行压实，抑制地上部生长，增强根部吸收能力。同时，合理运用植物生长延缓剂如矮壮素、多效唑等，可控制植株节间伸长，延长叶片功能期，达到增产增质的效果。例如，在玉米 8~10 叶期，使用矮壮素兑水喷施，使玉米茎秆粗壮、叶片深绿、光合作用增强，实现增产增收。

第七节　耕地保护技术

一、注意品种选择，合理轮作间作

大豆在生长过程中，根系能够分泌出化感物质，这些化感物质可能会对大豆本身产生危害，造成土壤微生物区系失衡，抑制大豆生长，最终导致大豆产量降低。此外，不同地区气候及地理条件往往会对大豆的产量造成影响。近年来，随着现代育种技术的发展，通过抗性品种克服大豆连作障碍导致的减产已成为一项重要措施。通过育种途径选择优良抗性品种，提高其对于化感物质的抗性、环境胁迫耐受性以及抗病能力，从整体上提高大豆的品质和产量。

大豆的重茬增加了土壤土传病害的发生，降低了土壤中有效养分的转化，造成土壤肥力下降，是影响大豆产量和品质的最主要原因。在农业生产过程中合理的种植制度能够改善土壤环境质量，降低土壤病虫害发生程度，进而提高作物产量和品质。轮作指在同一块田地上，按照季节间或年间轮换种植不同品种作物的一种种植方式，是目前最为有效的防治大豆连作障碍的方式之一。长期连作导致大豆生长发育状态与轮作相比较差。有研究发现大豆—玉米轮作显著提高了土壤酶活性。此外，轮作还有助于提高土壤有机质含量、降低土壤病害发生概率、减少农药使用量，进而促进土地良性循环，减少甚至消除土壤障碍，促进作物生长。

除了可以采用轮作方式外，还可以采用间作方式消减土壤障碍。间作是指在同一地块同一时期内，按照不同的种植比例，分行或分带种植不同种类农作物的种植方式。通过间种套作，不仅能有效提高土壤的利用率，还能改善土壤的理化性质和渗透性，提高土壤肥力，增加作物抗性，减少土壤病虫害的发生，降低由于连作造成的土壤障碍问题，增加作物产量。通过田间小区试验研究发现，蚕豆与小麦间作能够增加蚕豆根际土壤中真菌群落多样性，显著降低土壤中致病菌数量，增加土壤酶活性，改变微生态环境，并最终提高了蚕豆产量，缓解了由于蚕豆连作产生的障碍问题。通过对比玉米—大豆间作系统与玉米单作模式下干物质量和产量的差异情况，发现间作提高了作物的干物质量，提高了土地利用率。

二、合理施用有机肥，促进障碍土壤地力提升

长期施用结构单一的化学肥料会导致土壤有机质含量下降、酸化土壤、破坏土壤结构、改变土壤团粒体结构稳定性，造成土壤障碍。有机肥含有丰富的营养成分，不仅可以提高土壤的有机质含量，同时对于土壤理化性质、土壤肥力以及土壤微生物群落结构都具有改善和优化作用。通过向长期连作大豆田中施用有机物料考察土壤养分变化情况，发现有机肥的添加提高了养分水平，降低了土传病害，维持了土壤健康。有机肥的使用能够改变

土壤中真菌和细菌的群落组成，非致病性镰刀菌占据优势，而致病性尖孢镰刀菌、禾谷镰刀菌等的数量相对较少，表明有机肥的使用能够通过改变微生物群落组成，从而抑制根腐病发生。通过盆栽实验研究发现，向土壤中投加含有生防菌的生物有机肥，能够明显提高大豆红冠腐病的防治效果，土壤酶活性明显提高，大豆促生效果明显。长期定位试验研究结果表明，连续 13 年施用有机肥，土壤有机碳、全氮、全磷、碱解氮、速效磷和速效钾含量显著增加，土壤容重改良效果明显，作物产量与化肥处理相比无明显差异。

三、农机农艺结合，提高土壤肥力，修复土壤侵蚀

土壤耕作制度是指围绕作物轮作制度所采取的一整套耕作措施，科学合理的土壤耕作能够为作物生长创造出良好的土壤环境。在耕作的过程中通常需要根据种植物的特点使用不同农机来建立良好的土壤耕层构造。把农机农艺相融合技术运用到大豆生产上，能够有效地控制大豆土壤障碍导致的减产问题。通过机械深翻等方法，以打破大豆根际原生长环境为目的，通过土壤耕作，形成新的根际生长环境，降低病虫为害。通过减肥减药和大力发展有机农业技术等推动农业绿色生产，可以充分利用农业有机物料，集成创新性的黑土耕作层深松耕控蚀固土、节水保肥、科学节水灌溉等多项技术，构建土壤控蚀增肥技术体系。同时结合秸秆还田和有机肥施用等农艺措施，可以有效改善黑土耕层的气相和液相比例，提高土壤的透气性和持水性，改善土壤三相比例，促进大豆生长，改善土壤环境，提高土壤肥力，实现肥沃耕层构建目的。

第八节　大豆防灾减灾技术

涝害、冰雹应对措施：

一是迅速排出田间积水。大豆苗期和成熟期尤其怕涝，应及时采用排水机械或挖排水沟等办法排出田间积水和耕层渍水。

二是整理田间植株。大豆浸泡在明水之中或渍水地块，植株容易倒伏，必须及时扶正、培土，清洗叶面污泥以恢复光合作用。

三是及时中耕松土。中耕可以散去土壤多余水分，提高土壤的通透性，促进次生根的生长发育，加快苗情转化。

四是合理增施速效肥。灾后可适当追施磷酸二氢钾、叶面宝等叶面肥防止植株早衰，待大豆恢复生长后，可及时追肥尿素5~10 kg/亩以增加产量。

第九章　小杂粮

第一节　谷　子

一、选茬与耕整地

（一）选茬

选净茬、肥茬，在不重不迎茬的前提下，以伏翻麦茬或秋翻放秋垄、地净的豆茬、玉米茬种植谷子。

（二）耕整地

处理好根茬是提高整地质量的基础，对玉米、高粱茬要刨净，拣光根茬，要防止打"茬管"和"大搬家"的现象发生。避免耕不进去、跑茬偏墒、缺苗断条。净茬后及时捞地，用犁趟浮土，一般 12~14 cm，达到待播状态。

二、施足基肥

谷籽粒小苗弱，提倡精细整地。秋季耕翻耙糖，春季播种前灌足底墒水、施足底肥，旋耕、耙糖、镇压，做到上虚下实。冬季降雪较多，春季土壤墒情较好的地区，可免耕保墒。冬季降雨降雪少干旱严重的地区，可在早春整地，待降雨后趁墒播种。底肥一般以农家肥或有机肥为主，也可用磷酸二铵等复合型化肥代替，一般每亩施纯氮 8~10 kg、五氧化二磷 8 kg 左右。旱薄地少追肥，宜重施底肥。

三、播种

（一）播种时间

一般在每年 4 月 27 日至 5 月 5 日进行播种。

（二）播种方法

垄上机械条播：主要用 BT-6 播种机或单体播种机或旋播机进行机播，苗眼宽 12~18 cm，播深在 2~3 cm。每公顷保苗 90 万株为宜，亩播量 0.5~0.6 kg。

四、田间管理

（一）早间苗

小苗 4~6 叶期开始疏苗，打单株，6~7 叶期按密度要求定苗，每平方米保苗 26 株，同时确保苗间等距。

（二）产前趟一犁

小苗照垄后，要用深松铲或小铧进行产前趟一遍，增温防寒，促苗早发。

（三）早封垄

谷子怕趟伤根，所以应早趟土封垄，避免伤根影响产量。一般在 6 月下旬进行。

（四）防治跳甲和谷子钻心虫及黏虫

在谷子 2~5 叶期易发生黄条跳甲，所以在 5 月中旬应使用符合《农药合理使用准则》（GB/T 8321）要求的农药，如亩用

2.5%的甲敌粉1.5 kg撒施苗眼防治；6月中旬应使用符合《农药合理使用准则》（GB/T 8321）要求的农药，每亩用2.5%功夫乳油20 mL兑水15 kg喷施防治谷子钻心虫。在黏虫发生初期可使用符合《农药合理使用准则》（GB/T 8321）要求的农药，每亩用2.5%功夫乳油20 mL兑水15 kg叶面及叶心喷施防治。

（五）生育期灌水

如伏旱严重则及时灌水，确保谷子中期生长发育的用水。

五、机收减损

谷子收割期，过早收割后会伤镰，增加秕粒；过晚因遇风摇摆谷穗相互摩擦，造成落粒减产。谷子成熟的标准是：当穗中下部籽粒颖壳变成本品种色泽，籽粒背面壳呈现灰白色即"挂灰"时，籽粒变硬，茎节开始皱缩、成熟、断青，说明全穗充分成熟，是收割的最佳时期，要抓紧收割。为确保谷子丰产丰收要做到单收单打，单运单储，防杂防鼠，及时销售。

六、谷子防灾减灾技术

（一）雹灾

1. 查苗补缺

遭受冰雹整株打烂的造成的缺苗，要采取大田直播补种；对于没有受灾有多余谷子苗地块，及时组织秧苗余苗调剂，尽量保证满栽满种，保证谷子生产。

2. 抢排积水

加强田间管理，尽快排水，疏通沟渠，尤其是雹灾大雨后会出现高温天气，谷子长时间泡在水里，会对植株和产量造成较大影响，甚至导致死亡和绝收。因此，抓住排水窗口期，组织迅速排水，降低土壤湿度，促进根系生长。雨量大、积水严重地块，要组织抽水机尽快排水，减少田间积水时间。同时要把茎秆上的泥土冲洗干净，恢复叶片光合作用，保证谷子正常生长。

（二）涝灾

1. 及时排涝

谷子耐旱怕涝，雨后田间及时排水，及时打通入河排水沟渠，针对地势低洼、积水严重且自然排水不畅的农田，要提前或及时开挖排水沟或采用机泵等设施排水。防止谷子长时间泡在水里，及时清洗污泥，使其尽快恢复光合能力。

2. 中耕散墒减渍、酌情进行帮扶

田间积水排出后，要及时进行中耕散墒，促进作物根系快速恢复生长。对于处于拔节抽穗期、开花期、灌浆前期的谷子，发生倒伏，一般不需帮扶可自行直立；而对于灌浆后生育中后期的谷子，若倒伏需要人工扶正，助其雨后恢复生长。

（三）旱灾

1. 早期蹲苗

在谷子出苗后，逐渐减少水分供应，使之经受适当的缺水锻炼，增强谷子对干旱的抵抗能力。

2. 及时改种、补种

对于干旱下错过适宜播期或者已经绝收的田块，要及时翻耕整田，选择生育期相对较短的早熟品种。

第二节　高　粱

一、合理轮、间、套作

由于高粱植株高大、根系发达，吸肥能力强，对土壤中营养元素的消耗量大，残留给土壤的有效养分少，对土壤破坏较重，使高粱茬地肥力状况明显下降。在肥力得不到足够补充的条件下，连年种植高粱势必减产，又由于高粱连作之后病虫害加重。因此高粱不宜连作，而应轮作。

高粱同玉米一样，适宜与豆科、块根块茎类较耐阴作物实行间、套种植，以充分利用空间、光能和地力，提高单位面积的产量。

二、品种的选择

在高粱栽培技术体系中，品种是重要的因素之一。优良品种在增产中起重要作用，只有良种良法相结合，才能获得预期的增产效果。

良种的选择首先要根据市场的需求选用良种，如目前市场需求是酿酒用的优质原料，在品种选择时就必须考虑酿酒对高粱品质的要求。其次，了解良种的生育期，根据当地的气候条件，选用既能充分利用当地光热资源又能满足上下季作物茬口衔接要求的品种。最后，要根据土壤的肥水条件选用品种。在肥水条件充足的地块，选用耐肥水、抗倒伏、增产潜力大的高产品种，在干旱瘠薄的地块，选择抗旱耐瘠、适应性强的稳产品种。此外，为有利于实现高粱的专业化品种生产和优质优价，一个生产单位或地区，要避免种植品种过多，一般以选用1~2个主栽品种为宜。

三、深耕整地

高粱根系发达，深耕创造深厚疏松的土层，有利于根系纵向伸展，扩大吸收面积，同时能改善土壤的水、肥、气、热状况，有利于根际微生物活动，加速土壤养分转化，为高粱生长发育创造良好条件。

四、播种（移栽）

播前精选种子，用55℃温水浸种3~5 min，有防病催芽作用。播种时适宜土壤含水量为16%~18%，适宜温度为5 cm土层温度达12℃以上。播种量应根据品种特性、种子千粒重和种子质量等因素确定。一般发芽种子数与留苗数的比例以5:1为宜，每公顷播种量15~22.5 kg。每公顷留苗数，高秆品种和多穗高粱为6万~9万株，中秆品种为9万~12万株，矮秆品种和饲用高粱为12万~15万株。播种方式一般采用方形点播或宽行条播，行距约70 cm，株距16~33 cm，播种深度为3~4 cm。春高粱常采用育苗移栽法，3月中下旬播种，薄膜覆盖，4月中旬移栽。

五、间苗、定苗和中耕培土

幼苗2~3叶期，开始间苗；5~6叶期，结合中耕，按留苗密度定苗。一般苗期中耕3次，第一次在2~3叶期结合间苗顺行浅锄，第二次在5~6叶期结合定苗扒根蹲苗，第三次在第二次中耕后10~15 d进行。拔节后中耕要结合培土进行。

六、肥水管理

高粱既耐瘠又耐肥。据分析，每生产100 kg籽粒，需纯氮2.6 kg、磷1.4 kg、钾3 kg。施肥原则：在施用基肥和种肥的基础上，追肥1~2次。一般基肥用量为每公顷有机肥3万~

4.5万 kg，结合深耕施用；种肥用量为尿素 37.5~45 kg 或硫酸铵 75 kg；第一次追肥于拔节时施用硫酸铵 22.5~300 kg，第二次看苗追肥，如植株长势差，可在挑旗时轻施穗肥。

高粱苗期耐旱性强，拔节后耐旱性下降，尤其是挑旗孕穗期为需水高峰期，此时干旱会造成"卡脖旱"，应注意灌溉。春高粱苗期雨水多，应及时做好排水防涝工作。

七、病虫害防控

高粱的主要病害有高粱黑穗病、叶斑病等，主要虫害有地下害虫、蚜虫、螟虫等，应采用综合措施防治病虫害。

八、机收减损与贮藏

（一）机收减损

高粱的适宜收获期为籽粒错熟末期。此时籽粒呈现出品种固有的颜色和形状，粒质变硬，已无浆液，粒色鲜艳而有光泽。收获方法可分为人工收获和机械收获两种。

1. 人工收获

人工收获方法又因其栽培目的和习惯的不同而略有不同。主要有以下 3 种。

（1）带穗收割。即先连秆带穗一起割倒，然后扦穗收获。

（2）扦穗收获。即先将高粱穗扦下，捆好，晾晒，然后再割秸秆。

（3）连根刨收。即用小镐刨其根部，连根一起收割。

2. 机械收获

与人工收割相比，机械收获的优点是工作效率高，但要求高粱生长整齐、茎秆坚韧。

高粱经过充分晾晒后即可脱粒。脱粒的方法有人工脱粒、畜力脱粒和机械脱粒 3 种。

（二）贮藏

1. 安全贮粮必须具备的条件

贮藏期间，高粱水分含量在 13% 时，粮温不宜超过 30℃；水分含量达 14% 时，粮温应在 25℃ 以下；水分含量达 15% 时，粮温应在 20℃ 以下；水分含量达 16% 时，粮温应在 15℃ 以下；水分含量达 17% 时，粮温应在 10℃ 以下。

2. 贮藏方法

高粱的常用贮藏方法有以下 5 种。

（1）干燥贮藏。对高粱籽粒干燥的方法有日光晾晒和机械干燥两种。日光晾晒应选择空气相对湿度低、风速大且气温较高的天气进行；机械干燥是利用干燥机（如塔式干燥机、滚筒式干燥机、红外线干燥机、太阳能干燥机等）进行干燥的方法。机械干燥时，必须严格控制加热温度，粮温不得超过 45℃。

（2）低温贮藏。低温贮藏是在不冻伤种子的前提下，降低粮温，抑制粮堆中各种生物活动，增强耐贮性的一种贮藏方法。低温贮藏又可分为自然低温贮藏和机械制冷低温贮藏两种。自然低温贮藏是利用自然气候条件进行低温冷冻，或建造地下仓进行低温贮藏；机械制冷低温贮藏是利用制冷设备对贮藏仓房进行制冷，而使高粱籽粒冷冻的一种贮藏方法。

（3）密封缺氧贮藏。即通过密封使粮堆内部缺氧或应用机械设备使贮藏仓房内部富氮缺氧的贮藏方法。

（4）通风贮藏。利用低温干燥的空气通过粮堆散发水分、降低粮温的贮藏方法。可分为自然通风和机械通风两种。

（5）化学贮藏。即利用化学药剂（如磷化铝、二氯化乙烯、焦亚硫酸钠等）预防和处理贮粮发热、霉变、虫害的贮藏方法。

九、高粱防灾减灾

（一）涝害

1. 尽快排出积水，降低田间渍害程度

通过挖排水沟、抽水泵抽水等方式及时将田间的积水尽快排走，尽早将沟渠清理通畅，避免高粱植株在积水中浸泡时间过长，提高土壤的透气效果，避免发生玉米植株根系腐烂现象。

2. 及时开展中耕松土

田间积水会影响到高粱根系的呼吸及养分吸收。因此，高粱生长前期田内发生渍害后应及时开展中耕松土管理，一是对土壤内的温度、透气性、水分起到一定的改善效果；二是利于高粱植株根系的生长，降低渍害对高粱植株的危害。

（二）干旱

高粱播种时出现干旱应及时浇水，促进尽早尽快出苗，有利于苗齐、苗匀。拔节到开花期是需水量大且水分敏感期，此时干旱，轻则导致减产，严重会出现绝产情况，应及时灌溉，补足水分，保证植株正常生长发育。

第三节　绿　豆

一、整地、播种

绿豆出苗时因子叶大顶土力弱，播种前应深耕细耙，平整土地，以保证苗齐苗壮。播种期有春播、夏播两种。春播为4月底至 5 月初；夏播则在小麦收获后或在小麦收获前套种，或者与玉米、高粱间种。间、套作有利于合理利用空间和土地，争取农时季节。绿豆植株矮，根系浅，消耗地力轻，又有根瘤固氮。因此，间套作是一种很好的种植方式，群众中采用较多。单条播时的播种量每公顷 22.5~30 kg，撒播时可适当加大播种量。播种深度 4~7 cm，条播时行距约 30 cm、株距 12~15 cm。

二、田间管理

主要是间苗、除草及施肥 3 项工作。间苗应在绿豆 3 叶期进行，将多余的幼苗去掉，保留适当的苗数及壮苗，以利于通风透光，并使植株生长旺盛，分枝多，开花多，落荚少，籽实饱满。夏季杂草多，要及时除草，一般需除草 3~4 次。雨水多的地方还要注意培土和排水。绿豆因生育期短，要早施肥，重施基肥，生育后期要追施磷、钾肥，以提高结荚率，促使籽实饱满，获得丰产。

三、收获

绿豆成熟期不一致，而且成熟后的荚果容易开裂。因此，应分批收获，随熟随收。如果一次收获，应在 70% 荚果变褐色时进行。收获后立即脱粒、晒干、贮藏，每公顷籽实产量为 750~1 050 kg。绿豆种子寿命较长，发芽率可保持 6 年以上。其主要害虫是绿豆象，不仅为害田间生长的豆粒，也能为害贮藏的干豆粒。绿豆象钻入豆粒中使之蛀成空壳，失去利用价值。因此，收获后的绿豆应用药剂熏蒸，杀死绿豆象。熏蒸方法同豌豆。

四、绿豆防灾减灾

（一）洪涝灾

绿豆遭受涝灾后，要及时采取措施，加强田间管理，以减灾保产。具体做法如下。

1. 及时排出田间积水

根据积水情况和地势，采用排水机械和挖排水沟等办法，尽快把田间积水和耕层滞水排出，尽量减少田间积水时间。

2. 及时整理田间植株

植株经过水淹和风吹，根系受到损伤，容易倒伏，排水后必须及时扶正、培直，并洗去表面的淤泥，以利于作物进行光合作用，促进植株生长。

（二）强风倒伏

强降水经常伴随强风，容易造成绿豆倒伏。根据倒伏时期和倒伏程度，因地因情施策。绿豆一般在开花结荚时遇强风易发生倒伏，倒伏面积较小时应及时扶正，并浅培土，以促根下扎，恢复叶片自然分布状态，降低产量损失；对于倒伏比较严重、面积较大时，要及早进行处理，作为绿肥使用翻耕入土，并及时改种其他速生作物。

（三）干旱

绿豆苗期耐旱，3叶期以后需水量逐渐增加，现蕾期为需水临界期，花荚期达到需水高峰。因此，在花荚期如遇干旱应适当灌水，有条件的地方开花前灌溉1次，以促单株荚及单荚粒数；结荚期再灌水1次，以增加粒重并延长开花时间。在水源紧张时，应集中在盛花期灌水1次。没有灌溉条件的地区，可适当调节播种期，使绿豆花荚期赶在雨季。

（四）冰雹

当绿豆受到冰雹袭击之后，对受雹灾轻的，尽量清理残枝败叶，绿豆失去了大量的结果枝，过不多久，就会发生许多的新营养枝，重新开花结荚，生长期被迫向后拖延。此时，应在受灾后尽快整株喷洒 0.3%磷酸二氢钾+芸苔素内酯+0.2%尿素+800 倍液甲基硫菌灵，经过管理，产量能得到一定的补救，下季作物也相应地向后推迟一些时间。

第四节　红小豆

一、播前准备

（一）整地施肥

红小豆适应性强，对土壤质地要求不严，但怕涝忌重茬和迎茬，不适宜与其他豆科作物轮作，前茬应选择 3 年未种过豆科作物的玉米茬或小麦茬。高产栽培应选地势较高且平坦、耕层厚且肥沃的壤土。红小豆出土能力较弱，整地时，要求深耕或旋耕灭茬，耕深 15~20 cm，耙耱平整，耕层土壤细碎、疏松，无杂草，畦面平整。结合整地，每亩施腐熟有机肥 1 000~1 500 kg、尿素 10~15 kg、过磷酸钙 30~35 kg、硫酸钾 6~8 kg。

（二）种子处理

播前选种，剔除不饱满、秕粒、有病、带菌及霉变的籽粒，要求籽粒饱满，大小均匀一致。把选好的种子晒 1~2 d，提高种子活力，增强发芽势。用多菌灵按种子重量的 0.2%~0.5%进行药剂拌种，防苗期病害。

二、播种

（一）播期

红小豆适播期较长，根据当地气象情况和茬口抢墒播种，预防播后大雨造成不出苗或出苗不均。春播在 4 月下旬至 5 月下旬；夏播 6 月上旬至 7 月上旬，最迟不能晚于 7 月 10 日。

（二）播种方式

红小豆播种方式有穴播、条播和点播，机械条播或点播时，要防止覆土过多。播深 3~5 cm，行距 40~50 cm。零星种植大多为穴播，每穴 2~3 粒，行距 40~50 cm。

（三）播量

条播每亩播量 2~2.5 kg。早熟品种宜密植，中晚熟品种宜稀植；春播宜密，夏播宜稀；低肥水地块宜密，高肥水地块宜稀。

三、田间管理

（一）播后苗前除草

在红小豆播种后出苗前，要及时进行土壤封闭处理，防苗期杂草。每亩用 72%金都尔乳油 100~150 mg 兑水 50 kg 均匀地面喷雾，也可采用施田扑、扑草净等封闭性除草剂。

（二）间苗定苗

间苗宜早不宜迟，齐苗后，在第一复叶展开后开始间苗，要间弱留强、间杂留纯。第二复叶展开后定苗，按要求密度均匀留苗，同时查苗、补苗，实现苗全、苗壮。春播每亩留苗0.8万~0.9万株，夏播每亩留苗0.7万~0.8万株。

（三）中耕锄草

出苗后遇雨，应及时中耕锄草，破除板结。全生育期要中耕2~3次，封垄前最后一次结合中耕进行培土。在杂草2~3片叶前要进行化学除草，每亩用10%精禾草克乳油40~75 mg和10%乙羧氟草醚粉剂10 g，兑水50 kg均匀喷雾。红小豆对化学除草剂敏感，化学除草应定向行间进行均匀喷雾。

（四）肥水管理

红小豆苗期需水量不多，不宜浇水，以防徒长。花荚期需水量大，水分不足易引起花荚脱落。如遇干旱，始花期需灌水1次，以促荚数和粒数；在结荚期再灌水1次，以增加粒重并延长开花时间。红小豆耐涝性差，怕水渍。若雨水较多，要及时排水防涝，叶面喷施矮壮素防徒长。高肥力地块或施足基肥的情况下，红小豆生长期内可不追肥。前期缺肥，在初花期每亩施复合肥或磷酸二铵10 kg；后期缺肥，可进行叶面施肥，叶面喷施0.3%~0.4%磷酸二氢钾和0.15%的钼酸铵混合液1~2次。

四、病虫害防控

红小豆常见病害有立枯病、根腐病、病毒病、白粉病、锈病、叶斑病等，采取种子处理、拔除田间病株和药物防治等方式进行防控。用50%多菌灵按种子重量的0.2%~0.5%进行药剂拌种防治立枯病、根腐病；用75%百菌清可湿性粉剂600倍液，或用50%多菌灵可湿性粉剂600倍液喷洒，可防治白粉病、锈病和叶斑病。常见虫害为地老虎、蚜虫、红蜘蛛、黏虫、棉铃虫、斜纹夜蛾、甜菜夜蛾、斑潜蝇、豆荚螟和食心虫等。采用50%二嗪磷乳油2 000倍液、20%氰戊菊酯乳油1 500倍液等进行地表喷雾，防治地老虎 1~3 龄幼虫；用 25%啶虫脒乳油 1 500 倍液喷雾防治蚜虫，兼治飞虱、蓟马；用 0.5%阿维菌素乳油 1 500 倍液防治红蜘蛛、斑潜蝇；防治黏虫、豆荚螟、夜蛾类害虫，可用福奇 2 000 倍液喷雾。提倡生物防治，杜绝高残留农药施用。

五、收获

植株有 60%~70%的豆荚成熟后，要适时收摘，以后每隔 6~8 d 收摘 1 次，或植株有 80%以上的豆荚成熟时一次性收获。收获的豆荚应及时晾晒、脱粒、清选、熏蒸后，贮藏于冷凉干燥处。

六、红小豆防灾减灾技术

（一）涝害

强降雨后，部分地块红小豆易遭受涝害。红小豆分枝期，抗涝能力较弱，应采取以下防涝减灾措施，减少对产量的影响。

1. 及时排出田间积水

及时排出田间积水是抗涝减灾的根本措施。要及时清理田间沟渠，尽快排水降渍，消除渍涝。加深地头排水沟，确保自流排水通畅。排水不畅的地块，采用机械排水，确保消除渍涝。

2. 及时中耕散墒

在地面泛白时及时中耕散墒，破除土壤板结层，提高土壤通透性，促进根系恢复生长。结合中耕进行培土，高度为 10~12 cm，增强抗涝、抗倒能力。

（二）强风倒伏

强降雨往往伴随强风，容易造成红小豆植株倒伏。轻度倒伏的可以人工适当扶起，两行对扶，增加田间通风透光，减少落荚，尽量降低产量损失。同时喷施叶面肥，延长叶片功能期，减少落荚，增强抗病能力，提高粒重。可喷施 0.3% 磷酸二氢钾、0.1% 钼酸铵，如发现有脱肥现象，可同时叶面喷施 0.5% 尿素。间隔 5~7 d，晴天 15:00 后，连喷 2~3 次，建议采用植保无人机作业。

（三）干旱

红小豆苗期抗旱能力较强，适当干旱可起到蹲苗的作用，促进根系下扎和缩短基部节间，提高抗倒伏能力。开花结荚期是红小豆需水最多的时期，干旱会造成落花、落荚，应及时浇水。鼓粒期是形成产量的关键时期，干旱会造成秕荚、秕粒，降低有效荚数和百粒重，严重影响产量，应及时浇水，并于鼓粒初期亩追施氮磷钾复合肥 5~10 kg。

（四）冰雹

雹灾可能造成红小豆叶片破碎，降低光合作用。可在灾后，追施速效氮磷钾复合肥，促使红小豆尽快恢复生长。同时雹灾伤口容易感染病害，应于灾后 7~10 d 喷施 1 次杀菌剂和叶面肥，连续喷施 2 次，增强抗病能力。

第五节　芝　麻

一、精心选地整地，轮作倒茬

芝麻种植要避免在排水不畅、地势低洼、盐碱地或者酸性强、沼泽地等地块，要选择地势平坦、土壤肥沃、保水保肥、排灌方便的壤土种植。芝麻种子较小，在播种的时候容易落入土壤深处，这时候顶破土壤发芽出苗就变得极其困难。因此，为了保证芝麻种子的发芽率，保障苗全苗壮，在前茬作物收获后尽量要做到二耕二耙，保证土壤细碎且松软，如此更有利于芝麻种子破土而出，提高发芽率与生长率。通常来说，春芝麻最好选择秋耕春种。此外，还需要特别注意的是芝麻怕重茬，因为重茬土壤中容易滋生更多的病原菌，并且随着天气转变，在温度与湿度较为适宜的环境下，病原菌会大肆繁殖，尤其是在雨水多的季节，病菌更为猖獗，如果重茬，将会加剧病害发生，严重影响芝麻品质，造成大幅减产降质，甚至颗粒无收。因此，芝麻可与大豆、甘薯、玉米等轮作换茬，一般建议芝麻轮作以隔茬3~4年为宜。

二、适时早播，合理密植

夏芝麻最宜播种时期为5月下旬到6月中旬。在此时间内越早播种，光能利用率效率越高，越能促进芝麻生长，以达到芝麻的高产、稳产。秋芝麻建议集中播种期为6月下旬至7月上旬，但这并不适用于所有的地区，播种时应该根据所处地区的气候情况及茬口进行灵活掌握。为了提高芝麻的产量，建立使用条播或穴播的方式进行播种，条播的行距控制在40 cm为宜，穴播则需要控制在35 cm左右，植株之间的距离则需要按照芝麻品种要求灵活掌握，切记不要深播，否则将导致芝麻出芽率降低，一般播种量控制在4.5~7.5 kg/hm²。种子播种后还需进行适当的人工踩压或者使用镇压器顺行镇压，以确保种子与土壤充分融合，提高种子的存活率。

三、科学施肥，肥足素全

芝麻是一种生育期短且需肥量较大的一种浅根系作物，一般所需肥量最旺盛的时期为开花期与盛花期。这时候就需要氮肥、磷肥与钾肥相互配合的施肥方法，以满足芝麻不同时期的肥量需求。在施肥的过程中，应遵循"底肥足、巧追肥、喷施结合"的原则。其中追肥应遵循"苗期轻施、花蕾期重施"的原则，因地制宜，如果前茬施肥量少，土壤肥力不足，在补施的时候可以多增加一些氮肥、磷肥和钾肥。春芝麻应以重施基肥为主，花蕾期则以施氮肥为主、磷肥与钾肥为辅。夏芝麻应在播种前施用含有氮肥、磷肥与钾肥等复合肥。在所需肥量较大的花期，还可以结合降水与浇水追施尿素 150 kg/hm²。同时，为了提高芝麻的产量，保障芝麻的品质，可以在芝麻盛花期的时候使用 0.3% 磷酸二氢钾溶液叶面喷施 2 次，保证芝麻任何部位都能获得成长所需的基本肥量。需要特别注意的是，在选择肥料的时候一定要使用无公害农产品标准规定内的农药和化肥，切忌使用高毒、高残留农药，否则将严重影响芝麻的产量与品质。

四、机收减损

过早收获也是影响芝麻产量的一个重要因素，植株变为黄色或者黄绿色，并且叶片已经几乎完全脱落时，还要注意观察最下部 2~3 排芝麻果是否已经开裂，芝麻中下部的果粒是否呈现饱满状，种皮是否呈现出来固有的色泽，如果以上条件均满足，这时就可以收获。实践数据表明，适当延长芝麻的收获时间，能够保证一定程度的高产高收。芝麻收获应集中在早晨或傍晚进行，以最大限度地减少籽粒损失。待收获之后，千万不要急于装袋，可以先将其捆成小捆进行晾晒，防止籽粒霉变。

五、芝麻防灾减灾技术

旱灾防灾减灾措施：
要建立健全的农田水利保障系统，能够实现旱能灌、涝能排、渍能降，结合当地实际情况，发展滴灌或喷灌等节水灌溉技术。在种植时要选择耐旱性强的品种，一般单秆型品种比分枝型品种耐旱较强，茸片少的要比茸片多的耐旱性强。芝麻忌连作，所以选地也比较注意，最好是选择肥水条件优良且3年以上未种植过芝麻的地块，在干旱发生频繁、持续时间长的地区，可以采取秋翻地作垄、春耙压的整地措施，适时适墒播种，减少旱灾带来的影响。

第六节 向日葵

我国向日葵产区主要集中在盐碱、风沙、干旱和瘠薄地区。向日葵不但耐盐力强（强于甜菜、高粱、棉花等），而且是生物治碱的主要作物之一。

一、品种选择

一季春播区宜选用中熟、中晚熟品种，一般单位面积产量和生育期呈显著正相关；向日葵属短日照作物或中日照作物，对日照时数不敏感，油葵更不敏感，所以远距离引种易成功；盐碱地应选用耐盐品种，一般食葵比油葵耐盐性强；植株较矮、株型紧凑、盘径中等（20～25 cm）的品种适宜丰产栽培和提高品质；蜂源不足的，可选择自交结实率高的品种；成熟期花盘略凸或平，并高于所有叶片的品种产量高、病害轻、降水快；机械化收获，要求株高150 cm以下、株型紧凑、茎秆坚硬、抗倒伏、花盘倾斜度小的品种；妥善保存3年的种子仍可用于生产，但以上年产的新种子为最佳。

二、种子购买量

机械单粒精播需种量＝公顷计划留苗数×（1＋田间损耗

率）×百粒重÷100 000÷发芽率

田间损耗率一般按 10%～20%取值。人工穴播一般每穴播 3～5 粒，需种量为机械单粒精播的 3～5 倍。

三、选地、整地、施底肥

（一）土壤选择

除了低洼易涝、纯沙和盐碱过重的土壤外，在 pH 值 5.5～ 8.5 的各类土壤上均可种植，但以 pH 值 6.0～7.2、肥力较高的壤土或沙壤土为最佳。向日葵耐盐性强，全盐量<1%的氯化物或硫酸盐盐土、全盐量为 0.3%～0.4%的苏打盐碱土，仍能达到全苗并正常生长，获得较高的产量。为防鸟害，应避开林地种植；为防农药气味影响蜜蜂活动，尽量远离菜地种植。

（二）茬口

向日葵对前茬要求不严，豆科作物、玉米、麦类、高粱等茬均较好，但豆茬不能感染菌核病；黄萎病和菌核病严重发生的地区，马铃薯、烟草、甜菜、苜蓿等深根作物不宜作向日葵的前茬。

向日葵不宜连作，要求最低轮作周期为 3 年。其中，列当和霜霉病严重的地块轮作周期应在 8 年以上；灰霉病严重的应在 6 年以上；菌核病严重的应在 4 年以上。盐碱地为改良盐碱土的特殊需要，可以连作 2～3 年。

（三）深耕整地

秋季深翻或深松，翻深 20～25 cm，松深 30～40 cm。土层深厚、土质黏重、盐碱地需耕翻深些，以深松效果最好，松后及时耙耢。深翻（松）一般每隔 2～3 年进行 1 次。深耕是改良盐碱地的基本措施。盐碱较重的需先灌水洗盐再翻地。盐碱地土质黏、坷垃多，需反复耙地，尤其晚春耙地可有效抑制盐碱上升。盐碱地必须整平，以免形成盐斑。

（四）施底肥

一般每公顷施用农家肥 35~45 t。

四、播前种子处理

（一）种子精选

先过一遍细筛，再过一遍粗筛，剔除大、小粒，只留中等大小的饱满籽粒作种，并挑出杂色粒和异型粒。

（二）发芽试验

机械单粒精播要求发芽率在 98% 以上，穴播发芽率要求 90% 以上。简易发芽试验方法：从精选后的种子中分层多点取样，样品混匀后数取 3 份，每份 50 粒。温水浸泡 4 h 后捞出用新毛巾卷起，置于 23~25℃温度下发芽。分别于第 3 天、第 7 天计算发芽势和发芽率。

（三）晒种

播前晒种 2~3 d。

（四）包衣或拌种

（1）防治菌核病。每 100 kg 种子用 25% 咯菌腈悬浮种衣剂 15~20 g 包衣。

（2）防治霜霉病。每 100 kg 种子用 35% 精甲霜灵种子处理乳剂 35~105 g 拌种，晾干后播种。

（3）浸种。用 0.02%~0.05% 硼砂溶液浸泡 4~6 h，晾干后播种。

（4）耐盐锻炼。取盐分较重的盐碱土 1 kg，加 5 L 水搅拌至盐分溶解，取澄清液浸种 12 h 后捞出，用清水漂洗干净放在 3~5℃条件下待 5~7 d 后播种。

（五）播种技术

单粒精播采用气吸式精量播种机。因向日葵成熟时 90% 以上花盘朝向东方或略偏东南方向，所以采用东西垄向，方便机械收割。行距 60~80 cm，足墒播种。向日葵幼苗顶土能力较强，正常播深 3~5 cm，不要播得过浅，否则幼苗"戴帽"出土。底墒不足或沙质土应加深至 5~7 cm，黏土和盐碱地播深 3.3 cm。播后镇压。

盐碱地盐分多积于表层，可耙掉表层土再播种；碱往高处爬，沟下种可以躲碱。穴播后先覆土 2 cm，其上再压 2 cm 细沙，可有效减少盐分上升。盐碱地出苗难，死苗多，应增加 20%~50% 的播种量。

向日葵播种出苗和幼苗阶段最不耐盐碱，因此盐碱地必须狠抓播种出苗这个关键，并采取保苗技术，只要能及时出苗并保住苗，以后盐碱对植株生长发育的影响则不大。

五、田间管理

（一）出苗—现蕾期

（1）查田补苗。春播从播种到出苗需 12~16 d。向日葵出苗后对倒春寒的忍受力很强，能经受住几小时 -4℃ 的冻害，霜冻过后能很快恢复生长，即使气温短时降至 -6℃，也不致破坏生长点。子叶期幼苗比真叶期幼苗更耐冻。缺苗地块补栽比补种好，以1对真叶期进行最好，移栽成活率可达90%以上。如果补种，先用温水浸种3~4 h后捞出，在15~20℃的条件下放置一昼夜，待部分种子露白、大部分都萌动时即可补种。

（2）早间苗、早定苗。1对真叶期间苗，每穴留2株，同时以幼茎颜色区分间掉杂株。2对真叶期定苗，缺苗处在邻穴（行）留2株。盐碱及虫、鼠、鸟害严重的，可推迟至3叶期定苗。

（3）中耕。一般中耕3次，间苗前后进行第一次，浅趟10 cm，不培土；第二次在定苗1周后进行，少量培土；封垄前（株高60 cm左右）结合追肥、浇水进行第三次中耕，此次要大培土，把土壅到茎基部，防止后期倒伏。如果进行行间深松，应在5叶前进行，松深一般30 cm以上。苗期小雨过后，盐碱土表层盐分随水下渗到侧根层，最易碱蚀幼根，发生大面积死苗，因此，苗期小雨后要及时铲地松土。

（4）蹲苗。出苗至现蕾是向日葵一生中最抗旱阶段，要控水蹲苗。但盐碱地要在2对真叶前灌水洗盐，灌水量要大些，把表层的盐分压到根层以下。向日葵苗期对水涝甚至被水浸泡具有较强的忍耐力，但不同品种间差异较大，油葵的耐涝力明显强于食葵。

（5）追肥。油葵在现蕾（花蕾直径1 cm）前几日追肥，食葵在8叶期追施。每公顷追施尿素225 kg、氯化钾150 kg。肥料须施在距茎基部10 cm处。

（6）喷施叶面肥。在出苗现蕾期分别喷施0.2%~0.5%硫酸锌溶液或0.1%~0.2%硼砂溶液2~3次。

（二）现蕾—开花结束

此期植株生长最旺盛，株高增长极快，是向日葵一生的黄金期，是决定结实率和产量的关键时期。

（1）打杈。现蕾后 10 d 打第一次，以后每隔 10 d 进行 1 次，需进行 2~3 次。杂交种无分枝，食葵分枝多于油葵。

（2）人工辅助授粉。向日葵单株花期为 8~12 d，田间群体花期可延续 14~17 d。向日葵是典型的虫媒异株异花授粉作物，风媒传粉极其有限，自花授粉率仅有 0.36%~1.43%，主要依赖昆虫（主要是蜜蜂）传粉，1 个花盘上有 1 只蜜蜂即可得到满意的产量。检查蜜蜂密度时，大约一半花盘上有蜂为好。田间70% 以上植株始花 2~3 d 时进行第一次授粉，每隔 3 d 进行 1 次，共进行 2~3 次。授粉时间为 9:00—12:00、15:00—18:00，以上午为佳。大面积规模化生产，人工授粉不现实，必须饲养蜜蜂，依靠田间放蜂，可分 2~3 批错期播种，以延长花期。

（3）喷施叶面肥。向日葵开花时，植株下部叶片已经开始变黄和脱落，因此，生育后期需喷施叶面肥防衰、保叶。一般在花期—灌浆期喷施 0.2%~0.3% 磷酸二氢钾溶液、0.5%~1% 尿素溶液。

（4）灌溉。向日葵需水量较大、对水分较敏感。需水量仅低于水稻和大豆，分别是玉米、小麦的 2 倍和 1.5 倍。从现蕾到开花结束需水量最多，占总需水量的 60% 以上，为向日葵的需水临界期，但此时正处于 7—8 月，恰好与雨季相吻合。在正常情况下，现蕾后浇第一遍水，开花期、灌浆期再浇 2 次关键水。现蕾前 7~8 片叶期遇旱应及时浇水。浇水指标：叶片中午萎蔫，傍晚尚能恢复时及时灌溉。盐碱地通常采用大水灌溉，但必须有灌有排，把多余的盐碱水排出至地外。

（三）开花终期—成熟

此期以晴朗、日照充足的天气为好，较大的昼夜温差有利于油分形成。此期虽然时间较长，但需水量仅占总需水量的 20% 左右。必须强调的是，此期尽管需水量不大，却对籽实产量和含油率有极大的影响。籽实灌浆期，植株头部越来越重，为防倒伏，尽量少浇或不浇。向日葵灌浆结实期能抵御秋天的早霜侵袭。

六、机收减损

向日葵授粉后30~40 d成熟。适宜收获的形态标志：花盘背面变成黄色，花盘边缘微绿，舌状花凋萎或脱落，苞叶黄褐，花盘发软，茎秆变黄，上部仅存的几片叶片黄绿，种皮呈现品种固有色泽、坚硬，种仁水分显著变少。联合收割机收获，须待70%~80%花盘变成黄褐色时进行，收获过晚容易落粒损失。

七、向日葵防灾减灾技术

在向日葵生长的关键时期，洪涝灾害和连阴天可能对向日葵开花、授粉造成影响，也可能造成积水，影响生育进程，还可能造成倒伏，造成减产或者绝收。防治办法如下。

一是已经倒伏的雨停后要查看是否根茎折断，未折断的要扶正培土，并增施氮肥或喷施叶面肥；已经折断的，保险查灾定损后要及时清理作为青饲草，旋耕，补种秋菜、燕麦草或绿肥。

二是生长较好的向日葵雨停后，及时排水，增施氮肥或喷施叶面肥促进生长。

三是开展抢种、补种工作。向日葵保苗达到50%以上，建议农户保留，50%以下改种其他小日期品种。对于雨涝严重，需要毁种的地块，及时采取措施抢种小日期葵花、牧草、青贮玉米、白菜和部分蔬菜作物。

主要参考文献

白旭光，2020. 粮油储藏技术培训教程［M］. 北京：中国纺织出版社.

李兰，淳俊，2020. 粮油作物基础知识问答［M］. 北京：科学出版社.

陆剑飞，谢子正，黄世文，2020. 粮油作物主要病虫预测预报及综合防治［M］. 杭州：浙江科学技术出版社.

王金华，2018. 粮油作物栽培技术［M］. 成都：电子科技大学出版社.

王振营，王晓鸣，2019. 我国玉米病虫害发生现状、趋势和防控对策［J］. 植物保护，45（1）：1-11.

杨新田，吴玲玲，2018. 粮油作物绿色提质增效栽培技术［M］. 郑州：黄河水利出版社.